高等学校电子信息类系列教材·电子封装技术

电子封装可靠性与失效分析

汤 巍 景 博 盛增津 编著

西安电子科技大学出版社

内 容 简 介

本书对电子封装环境可靠性试验的方法及失效分析技术进行了系统的阐述，介绍了电路板级焊点疲劳失效机制、影响因素与发展现状，从微观和宏观两个角度介绍了力、热以及两者耦合作用下电路板级焊点的失效模式、机理，并提出了多场耦合作用下焊点疲劳寿命模型及状态评估方法。

全书分为三篇，共 12 章，第一篇为电子封装技术基础（第 1、2 章），第二篇为电子封装的环境可靠性试验方法（第 3～6 章），第三篇为电子封装失效分析技术（第 7～12 章）。

本书可作为高等院校机械、电子、微电子等相关专业高年级本科生与研究生的参考用书，也可作为电子封装及可靠性相关行业的工程技术人员的参考书。

图书在版编目(CIP)数据

电子封装可靠性与失效分析/汤巍，景博，盛增津编著. —西安：西安电子科技大学出版社，2018.8(2022.9 重印)
ISBN 978 - 7 - 5606 - 4958 - 0

Ⅰ. ① 电… Ⅱ. ① 汤… ② 景… ③ 盛… Ⅲ. ① 电子技术—封装工艺—可靠性 ② 电子技术—封装工艺—失效分析 Ⅳ. ① TN05

中国版本图书馆 CIP 数据核字(2018)第 145243 号

策 划 李惠萍
责任编辑 宁晓蓉
出版发行 西安电子科技大学出版社(西安市太白南路 2 号)
电 话 (029)88202421 88201467 邮 编 710071
网 址 www.xduph.com 电子邮箱 xdupfxb001@163.com
经 销 新华书店
印刷单位 陕西天意印务有限责任公司
版 次 2018 年 8 月第 1 版 2022 年 9 月第 2 次印刷
开 本 787 毫米×1092 毫米 1/16 印张 11.5
字 数 266 千字
印 数 2001～3000 册
定 价 29.00 元

ISBN 978 - 7 - 5606 - 4958 - 0/TN

XDUP 5260001 - 2

前　言

随着信息化的发展，现代工业制造系统、武器装备平台及各种医疗器械等集成了大量先进的电子设备。在电子设备内部，电子元器件是通过焊点与电路板或基材实现机械和电气连接的。微电子制造技术的进步使电子器件朝着功能多样化、尺寸微型化方向发展，与之相适应的是电子封装高密度化，焊点越来越细小，从毫米级迈进了微米甚至纳米级，焊点成为电子设备中最为薄弱的连接环节。同时，由于电子设备在军事、航空、航天等领域的广泛应用，焊点的工作服役环境越来越严酷，焊点失效已经成为电子设备故障的重要诱因。

在实际服役条件下，焊点失效通常是振动、温度等多种外部环境应力耦合作用的结果。由于不同应力之间存在复杂的非线性耦合关系，因此焊点在多场耦合作用下的疲劳失效行为及其表征方法成为电子设备可靠性研究中的难点。截至目前，市面上少有描述在力、热耦合作用下电子封装结构中焊点的可靠性研究方法的书籍，鉴于此，作者总结近几年的研究成果，编著了本书。

本书按照"研究对象—试验方法—分析归纳"的逻辑，由浅入深，分别介绍了电子封装技术基础、电子封装的环境可靠性试验方法及电子封装失效分析技术。全书分为三篇，共12章。

第一篇为电子封装技术基础（第1、2章）。

第1章首先介绍了电子封装的概念，其次介绍了电子封装的层次与内容，最后介绍了电子封装技术的发展趋势与无铅化进程。

第2章总结了电子封装的主要失效机制与影响电子封装可靠性的主要环境因素，分析了单一载荷与耦合载荷下焊点可靠性研究现状与进展，介绍了常用的焊点疲劳寿命模型。

第二篇为电子封装的环境可靠性试验方法（第3～6章）。

第3章首先介绍了单一环境应力的试验装置，包括振动、跌落与冲击、热、电等应力载荷。在此基础上，从外形与尺寸匹配、过渡轴以及软膜联接等方面详细介绍了力、热、湿耦合环境应力加载方法与装置。

第4章以球栅阵列（BGA）与方形扁平封装（QFP）两种类型的焊点为例，介绍了进行电子封装环境可靠性试验所必需的试验件制备方法与夹持装置设计方法。

第5章从传感器布局、数据采集装置及动态应变测量三个方面介绍了搭建焊点失效进程信号实时监测系统的过程，并介绍了电子封装环境可靠性试验完成后试验件的后期处理与观察手段，包括金相显微镜、扫描电子显微镜及无损检测。

第6章具体介绍了如何设计一个力、热耦合应力试验，包括试验方案的制订、载荷谱的设计及初步的试验结果分析。

第三篇为电子封装失效分析技术（第7～12章）。

第7章研究了振动载荷作用下焊点的疲劳失效行为与规律，实施了不同固支方式与不同振动量级的焊点随机振动试验，并对失效电路板试件进行了金相分析，研究了QFP与

BGA 两种类型焊点的失效模式与机理。

第 8 章结合热循环试验与有限元仿真方法，研究了温度载荷下焊点的失效规律，对焊点在温度载荷下的应力应变响应进行了分析，并对焊点 IMC 层进行了能谱分析，分析焊点在温度载荷下的失效模式与机理。

第 9 章基于正交试验法分析了耦合载荷条件下温度与振动因素对焊点疲劳寿命的影响，设计了不同类型的耦合环境试验，研究温度与振动两种载荷在不同耦合时机和方式下对焊点疲劳寿命的影响。

第 10 章在考虑焊点微观结构不确定性的基础上，基于传递熵与统计力学理论，将焊点微观失效机理与宏观信号表征联系起来，提出了在振动与温度耦合条件下能够表征焊点结构损伤的能量测度指标。

第 11 章将焊点微观失效机理与宏观信号表征建立联系，研究力、热耦合作用下焊点结构失效模式聚类方法。在分析焊点结构动态应变信号的基础上，提出了一种基于径向基核函数概率距离的焊点结构故障模式聚类方法。

第 12 章根据焊点的电阻信号呈现出的退化特征，基于连续时间隐半马尔可夫过程建立了焊点的多状态退化模型，并利用 BP 神经网络与遗传算法对模型参数进行估计。

在编写本书的过程中，得到了空军工程大学故障预测与健康管理(PHM)实验室电子封装可靠性研究组的大力支持。本书第 3、4、6 章由盛增津博士撰写，其余章节由汤巍撰写。感谢胡家兴博士、董佳岩硕士为第 8、9 章部分内容提供的帮助。全书由汤巍统稿，景博教授进行全程指导与校稿。最后，感谢西安电子科技大学出版社的大力支持。

由于作者水平有限，且电子封装技术发展日新月异，书中不足之处在所难免，恳请广大读者不吝指正。

编　者

2018 年 6 月

目　　录

第三篇　电子封装失效分析技术

第一篇　电子封装技术基础

　　本篇主要介绍了电子封装的概念、层次，电子封装技术的发展趋势及无铅化进程；归纳并总结了电子封装的主要失效机制、常用的疲劳寿命模型以及影响焊点可靠性的主要环境因素；分析了单一载荷与耦合载荷下焊点可靠性研究的现状。

第1章　电子封装技术概述

1.1　概　　述

在电子设备中，电子器件与印刷电路板之间通过微小的焊点封装在一起，由焊点实现芯片与电路板之间的机械固定与电气互联。随着电子制造技术的进步，电子器件朝着尺寸微型化、封装高密度化的方向发展。目前，一块包含CPU芯片的电路板甚至可能有上千个微小的焊点。而随着任务需求的多样化，电子设备服役环境越来越严酷，尤其是在航空航天与军事领域，机载或弹载电子设备通常工作在高、低温频繁转换与振动、冲击等恶劣环境中。在严酷的外部载荷条件下，电路板上的微焊点很容易出现损伤，而只要其中一个焊点发生损伤，则可能引发整个电子设备故障甚至失效。

对于大型的关键任务系统，其电子设备出现故障后往往造成巨大的损失，甚至是灾难性的后果。2009年5月，美国MQ‐1B"捕食者"无人机在执行任务时，右机翼控制模块中电路板芯片在飞机做大过载机动时被震脱落，导致右副翼卡死，飞机失去控制而坠毁。2014年12月，亚航一架空客A320在从印度尼西亚飞往新加坡的途中坠海，乘客及机组人员全部罹难。经过近一年时间的调查，结果显示该空难发生的主要原因是飞机方向舵控制单元模块中A和B通道电路板上的焊点出现开裂，导致仪器电气连接断开，进而导致整个控制单元失效，如图1.1所示。2015年初，国内某型先进战机在试飞过程中，飞行控制计算机中某型电路板出现焊点断裂，导致飞机迫降，飞行试验被迫中断。

(a) 打捞起的飞机残骸

(b) 飞机方向舵控制模块

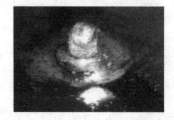

(c) 电路板上出现开裂的焊点

图1.1　电路板级焊点失效引发的空难

随着电子设备复杂程度的提高，类似事故案例越来越多。相关资料显示，目前电子设备失效 70% 是由电子封装故障引起的。因此，开展实际服役条件下电子封装疲劳失效行为、机理等基础性理论的研究，是保障电子设备可靠性与安全性的核心和基础，也是微电子技术飞速发展到今天所面临的重要基础性科学问题。下面各小节主要对电子封装技术进行简要概述，并对电子封装可靠性的研究现状进行分析。

1.2　电子封装技术的概念与层次

电子封装是将集成电路裸芯片组装成电子器件、电路模块和电子整机的制造过程，或将微元件再加工及组合构成满足工作环境要求的整机系统的制造技术。根据电子设备制造流程与系统结构的不同，电子封装可分为四个层次，如图 1.2 所示。

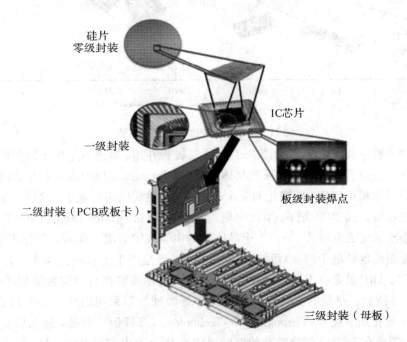

图 1.2　电子封装的层次示意图

晶片级（Wafer Level）的连接被称作零级封装，通常指的是芯片制造，属于半导体工艺范畴。一级封装为芯片级（Chip Level），即将芯片封装为器件，根据包含芯片的数量可分为单芯片器件（Single Chip Module，SCM）和多芯片器件（Multi-Chip Module，MCM）。二级封装为电路板级（Board Level），即将一级封装形成的电子器件安装在电路板上。三级封装为母板级或者系统级（System Level），即将二级封装形成的各种电路板组装成电子系统。

1.3　电子封装技术的发展趋势

电子封装技术是随着微电子技术的发展而发展的，大致经历了晶体管封装、元器件插装、表面贴装和高密度封装时代，如图 1.3 所示。

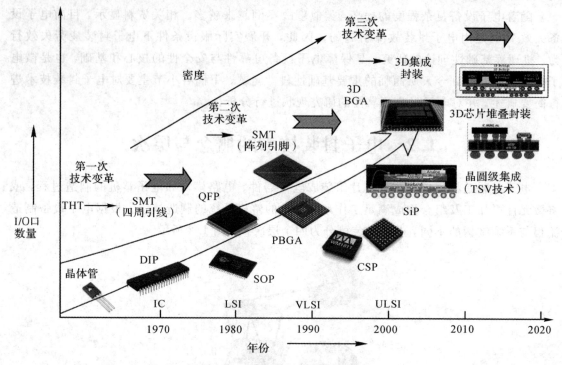

图 1.3　电子封装技术的发展趋势

　　自从贝尔实验室在 1947 年发明第一只晶体二极管开始，就进入了电子封装的时代。最初的电子封装是以三根引线为主要特征的晶体管外壳（Transistor Outline，TO）型封装。随着电子设备与产品对体积小型化、便携化的要求越来越高，集成电路出现了，这使得单个芯片中晶体管数量成倍增加。到 20 世纪 60 年代中期，集成电路（Integrated Circuit，IC）芯片由 $2^1 \sim 2^6$ 个晶体管的小规模集成发展为 $2^6 \sim 2^{11}$ 个晶体管的中等规模集成。此时，只有几个引脚的 TO 型封装已经无法满足微电子产业对封装密度的要求，于是产生了双列直插式封装（Dual in-line Package，DIP）。DIP 就是将 IC 芯片的两列引脚焊接或者插装在与引脚数量相同的 PCB 的通孔中，如图 1.4 所示。早期的 Inter 8008 和 8086 等微处理器采用的就是 DIP 封装。TO 封装与 DIP 均属于通孔插装技术（Through Hole Technology，THT）。但是，通孔插装技术存在明显的缺点，它需要在 PCB 背侧将芯片的引脚焊接到 PCB 上以实现电气连接，这不仅会占据电路板的大量空间，不利于多层 PCB 的设计，而且 THT 封装的细长引脚容易产生电磁与射频干扰，在服役过程中也容易变形损坏，可靠性较差。

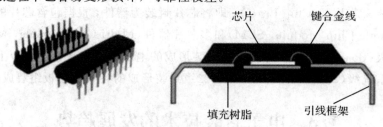

图 1.4　双列直插式封装（DIP）

　　20 世纪 80 年代，表面贴装技术（Surface Mount Technology，SMT）开始兴起。与 THT 封装不同的是，SMT 将元器件直接贴装在 PCB 上，没有插孔的限制，因此 PCB 的空间得以充分利用，而且装配容易，生产效率高。SMT 封装器件的引脚也较短，可以有效减少电磁干扰。典型的 SMT 封装形式是小外形封装（Small Outline Package，SOP）。随着 SMT 的迅速发展，SOP 取代 THT 成为电子封装技术的主流。同时，随着 IC 芯片的持续发展，大规模集成（Large Scale Integration，LSI）电路出现了，一块芯片可以集成 $2^{11} \sim 2^{16}$ 个晶体管。此时，DIP 和 SOP 有限的引脚数量已经不能满足大规模集成电路的要求。在这种情况下，出现了各种适合 SMT 的元器件的封装形式，如方形扁平封装（Quad Flat Package，QFP）、方形扁平无引脚（Quad Flat No-lead，QFN）封装、塑料有引脚芯片载体（Plastic Leaded Chip Carrier，PLCC）等，如图 1.5～图 1.7 所示。其中，塑料方形扁平封装（Plastic Quad Flat Package，PQFP）以其高密度、细间距、低成本的优势成为大规模集成电路的主流封装形式。

图 1.5　方形扁平封装（QFP）

图 1.6　方形扁平无引脚（QFN）封装

图 1.7　塑料有引脚芯片载体（PLCC）

　　进入 20 世纪 90 年代，IC 芯片发展到了超大规模集成（Very Large Scale Integration，VLSI）阶段。一块芯片可以集成 $2^{16} \sim 2^{21}$ 个晶体管，引脚数可达成百上千个。QFP 及类似封装形式的引脚只能越来越细，间距越来越窄。当引脚数大于 500 时，很难控制引脚的平整度，SMT 微小的贴片误差就可能导致焊锡桥接或者断路。IBM 和 Intel 等公司相继开发出球栅阵列（Ball Grid Array，BGA）封装，如图 1.8 所示。这种封装芯片的 I/O 口以阵列的形式分布在芯片封装体背面，封装密度高，极大地提高了硅片的利用率，而且保证了足够的焊点尺寸与间距，焊点间短路搭桥故障减少，提高了焊接的可靠性。同时，球形焊点的互连路径短，信号传输延迟也低，寄生参数小，器件可获得很高的工作频率和很小的噪声。目前，BGA 封装是主流的电子封装形式之一。

图 1.8　球栅阵列（BGA）封装

　　随着电子产品日益微型化，在 BGA 封装技术的基础上，出现了芯片级封装（Chip Scale Package，CSP）。CSP 通常要求封装率（封装面积与芯片面积之比）小于 1.2，这样在相同的体积下，封装可以载入更多的芯片，从而增大封装容量。常见的例子为 CSP 内存芯片，体积小且薄，其散热路径仅有 0.2 mm，大大提高了内存芯片长时间运行的可靠性，线路阻抗显著减小，芯片存取速度大幅提升。不过，CSP 在封装技术上仍然属于 BGA 封装的一种形式。

　　20 世纪末至今，集成电路已经实现了特大规模（Ultra Large Scale Integration，ULSI）与巨大规模（Gigantic Large Scale Integration，GLSI），为了进一步提高封装密度，多芯片组件（Multi Chip Module，MCM）开始出现（即将多个 IC 芯片安装在多层基板上，然后将所有芯片互连后整体封装起来），促使了电子封装向系统级封装（System in Package，SiP）方向发展。进入 21 世纪，IC 芯片中的晶体管数量仍在急剧增加，传统的二维芯片尺寸已经达到了摩尔定律的极限，于是科研工作者着手研究在芯片的垂直方向进行集成，开始出现了 3D 封装，又叫叠层芯片封装（Stacked Die Package），如图 1.9 所示。

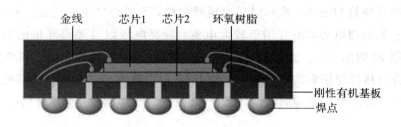

图 1.9　叠层芯片封装

电子封装技术在过去几十年内得到了飞速发展，其在半导体芯片研制中的地位越来越重要。美国已经将电子封装业列为国家优先发展的三大行业之一。在新加坡、日本等国家，电子封装产业更是当地的工业支柱。相比之下，我国在这个全球朝阳产业领域里还处于起步阶段，从技术到管理全方位落后，大部分关键技术完全由国外垄断，严重制约着国产 IC 芯片的发展。不过可喜的是，近些年，政府及相关部门已经认识到电子封装技术的重要性，开始加大投入。同时，越来越多的国内科研工作者开始关注电子封装并积极投入设计、研发以及评价等各项研究工作中，也取得了一定的成果。

1.4　电子封装的无铅化进程

在电子封装技术飞速发展的几十年里，锡铅（Sn-Pb）钎料因其熔点低、焊接性能优良、成本低及可靠性较高等优点得到了广泛应用。但是随着人们环保意识的不断增强，世界各国都相继颁布了一系列的法律法规，禁止含铅的有害材料在电子工业中应用。欧盟于 2003 年 2 月颁布了 WEEE（Waste Electrical and Electronic Equipment）和 RoHS（Restriction of Hazardous Substances）两大指令，明确提出从 2006 年 7 月 1 日起禁止在欧盟成员国生产和销售含铅的电子产品。我国也在 2006 年 2 月颁布了《电子信息产品污染控制管理办法》，规定从 2007 年 3 月 1 日起开始实施电子产品无铅化。据统计，全球范围内共研制出各类焊膏 100 多种，但公认能用的只有几种。最有可能替代 Sn-Pb 焊料的无毒合金是 Sn 基合金，添加 Ag、Cu、Zn、Bi、In、Sb 等元素，构成二元、三元或多元合金，通过添加金属来改善合金性能，从而提高可焊性和可靠性。目前，应用较为广泛的无铅钎料主要有 Sn-Cu 系、Sn-Zn 系和 Sn-Ag-Cu 系等。

1. Sn-Cu 系

Sn-Cu 系合金无铅钎料的主要原料为 Sn 和 Cu，这两种金属价格低廉，无毒副作用，具有易生产、易回收、杂质敏感度低、综合性能好等优点。Sn-0.7Cu 共晶熔点为 227℃，有比铅锡焊料更好的强度和耐疲劳性，并且在细间距 QFP 的回流焊中无桥连现象，同时也没有其他无铅焊料可能出现的针状晶体和气孔，可以得到有光泽的焊角，因此具有取代 Sn-Pb 钎料的潜力。但在对 Sn-Cu 二元合金状态图进行分析时，发现在靠近 Cu 的一侧可形成比较复杂的金属间化合物，同时 Sn-Cu 钎料的流动性不够，Cu 会大量进入钎料槽中，形成化合物，从而提高了生产成本。为了解决这些问题，尝试在 Sn-Cu 中添加微量的 Bi、Ag、Ni 等元素。当加入 Bi 元素时，可使钎料的熔点下降，润湿铺展能力提高，但同时也会增大钎料的电阻率并使钎料变脆,冷却时易出现微裂纹,不适合气密性封装。另外,含 Bi 的无铅焊料具有较低的超电势,不宜用于较大电流、较高电压以及潮湿环境的电器元件焊接,所以必须控制 Bi 的加入量。而添加适量的 Ag 则可以改善钎料的润湿性和热疲劳性,提高 Sn-Cu 基复合钎料钎焊接头的蠕变寿命。添加 Ni 可以改善 Sn-Cu 钎料的铺展性能,具有与 Sn-Pb 钎料相同甚至更优异的润湿性,同时 Ni 可以减少焊锡渣量,该钎料已经在波峰焊接中使用。

2. Sn-Zn 系

Sn-9Zn 焊料是无铅焊料中唯一与锡铅系焊料的共晶熔点相接近的,可以用于耐热性不好的元器件焊接,且成本较低。但是 Sn-Zn 系焊料也存在不足之处:在大气中使用表面会形成很厚的锌氧化膜,必须在氮气下使用或添加能溶解锌氧化膜的强活性焊剂,才能确保焊接质量;润湿性较差,用于波峰焊时会出现大量的浮渣;制成锡膏时,由于锌的反应活性较强,为保证锡膏的存放稳定性和增加其润湿性,需采取相应的措施。近年来,针对合金润湿性能差、焊料容易氧化等问题,进行了大量的研究,并取得了一定的进展,使得 Sn-Zn 焊料展现出了良好的应用价值。此外,尽管有的 Sn-Zn 系无铅焊料已经开始在实际中应用,但其应用的范围仍受制约。目前对于 Sn-Zn 焊料的氧化、润湿机理的研究还不够深入。因此,今后研究的主要方面是通过微合金化、调整合金元素的成分配比来提高润湿性和抗氧化性能,得出合金元素对润湿性、抗氧化性的影响和作用机理。

3. Sn-Ag-Cu 系

Sn-Ag-Cu 系合金钎料熔化温度约为 217℃,不同的 Ag 和 Cu 含量会影响焊接性能,Ag 的添加可以降低焊料的熔点,同时可以提高焊料的润湿性能和连接强度。焊料供应商和电子制造服务商对合金成分标准化的研究表明,Ag 含量从 3.0% 到 4.0% 的 Sn-Ag-Cu 合金均是可以接受的。这些 Ag 含量不同的 Sn-Ag-Cu 合金在工艺性能和热机械可靠性上没有显著差别。Cu 的含量不宜超过 1.2%,最佳约为 0.7%,有研究表明,Sn-3.8Ag-0.7Cu 的钎焊接头抗剪强度比传统 Sn-Pb 钎料的高。目前,Sn-Ag-Cu 系合金在高温领域被认为是最有前途的无铅钎料,在无铅回流焊接工艺中得到采用。Sn-Ag-Cu 焊料被作为实现焊料无铅化的标准合金,Sn-3.0Ag-0.5Cu(SAC305) 与 Sn-3.9Ag-0.6Cu 被国际印刷电路协会(The International Printed Circuit/IPC Association)作为重点无铅钎料向全世界范围进行推广。但由于这种合金熔点仍偏高,即使提高元器件的耐热性,多层、薄形的印制板耐热性也仍存在问题,因此,需要在锡银合金基础上添加铋(Bi)、铟(In)以降低熔点。

电子产品的无铅化对焊点的可靠性带来了重要影响。从材料物理学角度分析,Sn-Ag-Cu 系无铅钎料,由于 Ag 元素的存在,能够提高焊点的强度,使其抗热疲劳性提高,但同时会使焊点韧性变差,使其抵抗振动载荷的能力下降。在材料学领域,众多专家和学者试图通过添加微量元素来增强无铅焊点的力学性能,或通过改变焊点结构设计等方式提高焊点的可靠性,但都处于实验室阶段。由于无铅钎料使用时间还不长,因此目前对于无铅焊点可靠性的认识和研究数据非常有限,在实际服役环境下,无铅焊点的失效行为会发生何种变化,以及对电子设备的可靠性带来怎样的影响,均有待进一步研究。

1.5　电子封装工艺水平的发展

1. 软钎焊的发展

在电子行业中，绝大多数的钎焊工作是在 300℃ 以下完成的。美国焊接学会(AWS)将 450℃ 作为分界线，规定钎料液相线温度高于 450℃ 所进行的钎焊为硬钎焊，低于 450℃ 的钎焊为软钎焊。软钎焊反应过程一般为：先预热基板和焊膏，接着挥发性物质蒸发，钎剂产生渗透激活，通过化学热解洁净基底和焊粉，然后钎料熔化并浸润基底，钎剂载体在软钎焊过程中保护基底，后期钎剂载体从熔融钎料逸出，化学热解结束，钎料固化。

2. 芯片互连工艺

芯片互连工艺主要包括引线键合(Wire Bonding，WB)、载带自动焊接(Tape Automated Bonding，TAB)、倒装芯片(Flip Chip，FC)工艺以及埋置芯片互连技术。

1) WB 技术

WB 是目前最为成熟的互连技术，引线键合是以非常细小的金属引线的两端分别与芯片和引脚键合而形成电气连接。引线键合前，先从金属带材上截取引线框架材料(外引线)，用热压法将高纯 Si 或 Ge 的半导体元件压在引线框架上，并用导电树脂如银浆料在引线框架表面涂一层金，然后借助键合工具用金属丝将半导体元件和引线框架键合起来，之后对键合电路进行保护性树脂封装。

引线键合工艺可分为三种：热压键合、超声波键合与热压超声波键合。

热压键合是引线在热压头的压力下，高温(>250℃)加热使焊丝发生形变，并通过对时间、温度和压力的调控进行键合。在此过程中，被焊接的金属无论是否加热都需施加一定的压力。金属受压后产生一定的塑性形变，而两种金属的原始交界面处几乎接近原子力的范围，两种金属原子产生相互扩散，形成牢固的焊接。

超声波键合不加热(通常是室温)，是在施加压力的同时，在被焊件之间产生超声频率的弹性振动，破坏被焊件之间界面上的氧化层，并产生热量使两固态金属牢固键合。这种特殊的固相焊接方法可简单地描述为：在焊接开始时，金属材料在摩擦力作用下发生强烈的塑性流动，为纯净金属表面间的接触创造了条件；接头区的温升以及高频振动，又进一步造成了金属晶格上原子的受激活状态，因此当有共价键性质的金属原子互相接近到纳米级的距离时，就有可能通过公共电子形成原子间的电子桥，即实现了所谓金属键合过程。超声波焊接时不需加电流、焊剂和焊料，对被焊件的理化性能无影响，也不会形成任何化合物而影响焊接强度，且具有焊接参数调节灵活、焊接范围较广等优点。

热压超声波键合工艺是热压焊与超声焊两种形式的组合，在超声波键合的基础上，通过采用对加热台和劈刀同时加热的方式，增强金属间原始交界面的原子相互扩散和分子(原子)间作用力，金属的扩散在整个界面上进行，实现引线的高质量焊接。热压超声波键合因其可降低加热温度、提高键合强度、有利于器件可靠性而成为键合方法的主流。

2) TAB 技术

TAB 是一种将芯片组装在金属化柔性高分子聚合物载带上的集成电路封装技术，将芯片焊区与电子封装体外壳的 I/O 或基板上的布线焊区用有引线图形的金属箔丝连接，是芯片引脚框架的一种互连工艺。TAB 按其结构和形状可分为单层带、双层带、三层带和双金属带等，使用标准化的卷轴长带对芯片实行自动化多点一次焊接，同时，安装及外引线焊镀可以实现自动化，可进行工业化规模生产，提高生产效率，降低成本。

3）FC 技术

FC 是芯片面朝下，将芯片焊区和基板焊区直接互连的技术。该技术通过在芯片和基板上分别制备焊盘，实现面对面键合。键合材料可以是金属引线或载带，也可以是合金焊料或有机导电聚合物制作的凸点。倒装芯片键合引线短，凸点直接与印刷电路板或其他基板焊接，引线电感小，信号间串扰小，信号传输延时短，是延时最短、寄生效应最小的一种互连方法，非常适合高频、高速电子产品的封装。FC 的安装面积比其他方法面积小，组装密度高，可实现高 I/O 数的 LSI、VLSI 芯片的封装。另外，FC 技术芯片的凸点可一次制作完成，省工省时。目前，FC 技术是半导体封装的主流技术。

4）埋置芯片互连技术（后布线技术）

埋置芯片互连技术是先将 IC 芯片埋置到基板或 PI 介质层中，再统一进行布线，IC 芯片的焊区与布线金属自然相连，成为金属布线的一部分，已无任何"焊接"的痕迹。它最明显的好处是可以消除传统 IC 芯片与基板金属焊区的各类焊接点，从而提高电子产品的可靠性。此外，这种互连方式还可以进一步提高电子组装的密度，是实现 3D 封装的一种有效途径。

3. 表面组装技术

根据熔融钎料供给方式的不同，表面组装技术主要分为波峰焊和回流焊两种。

1）波峰焊

波峰焊是指将熔化的软钎焊料经电动泵或电磁泵喷流成设计要求的焊料波峰，亦可通过向焊料池注入氮气来形成，使预先装有元器件的印制板通过焊料波峰，实现元器件焊端或引脚与印制板（也称印刷板）焊盘之间机械与电气连接的软钎焊技术。波峰焊主要用于通孔插装组件和采用混合组装方式的表面组装组件的焊接。波峰焊有单波峰焊和双波峰焊之分单波峰焊用于 SMT 时，由于焊料的"遮蔽效应"而容易出现较严重的质量问题，如漏焊、桥接和焊缝不充实等。双波峰焊则较好地克服了这个问题，大大减少漏焊、桥接和焊缝不充实等缺陷，因此目前在表面组装中广泛采用双波峰焊工艺。波峰焊接过程包括治具安装、喷涂助焊剂系统、预热、一次波峰、二次波峰、冷却等，其整体结构如图 1.10 所示。

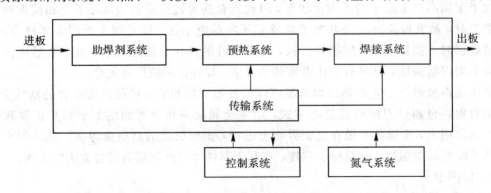

图 1.10　双波峰焊系统结构组成

2）回流焊

回流焊又称再流焊，是通过重新熔化预先分配到印制电路板焊盘上的膏状软钎焊料，实现表面组装元器件焊端或引脚与印制电路板焊盘之间机械与电气连接的软钎焊。典型的回流焊温度曲线如图 1.11 所示。

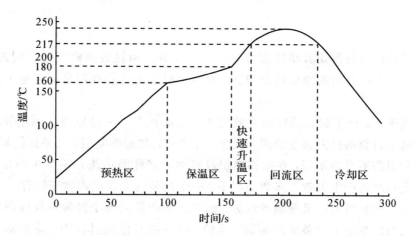

图 1.11　回流焊典型温度曲线

首先，PCB 进入预热区，焊膏中的溶剂和气体蒸发掉，同时焊膏中的助焊剂润湿焊盘、元器件端头和引脚，焊膏软化、塌落、覆盖焊盘，将焊盘、元器件引脚与氧气隔离。随后，PCB 进入保温区，PCB 和元器件得到充分的预热，以防 PCB 突然进入焊接高温区而损坏PCB 和元器件。当 PCB 通过快速升温区进入回流区时，温度迅速上升使焊膏达到熔化状态，液态焊锡对 PCB 的焊盘、器件端头和引脚润湿、扩散、回流混合形成焊锡接点。最后，PCB 进入冷却区，使焊点凝固完成焊接。回流焊按加热方式不同可有红外线加热、饱和蒸汽加热、热风加热、激光加热等方式，其中以红外线和汽相加热使用最为广泛。

目前，再流焊向全热风及热风加红外方式发展，为了满足免清洗和无铅焊接要求，出现了充氮气焊接技术，适应无铅焊接的耐高温再流焊已成为再流焊的发展趋势。

第2章 电子封装可靠性研究现状

随着电子器件与设备朝着功能多样化、尺寸微型化和封装高密度化方向的迅速发展，可靠性在现代电子设备中的地位越来越高，而电子封装的可靠性则是保证电子设备整体可靠性的关键。

在外部载荷下，电子封装结构的失效模式主要有两种：一是应力—强度模式，即当外界应力超过电子封装的极限强度值时，就会产生失效，如脆性断裂；二是损伤累积模式，外界应力引起的损伤不可逆累积，在损伤累积过程中元器件的功能并不发生明显变化，当损伤累积到一定程度时产生失效。多数情况下，电子封装的失效模式属于后者。

焊点是电子封装结构中最薄弱的地方，因此通常所说的电子封装可靠性研究大都是针对焊点来讨论的。在电子设备生产制造、运输、储存以及使用过程中，焊点都会不断承受各种应力的作用。这些应力虽然可能达不到使焊点立即被破坏的极限强度值，但在应力的反复作用下，焊点内部应力集中的部位会首先出现微小损伤并不断累积，这些损伤累积到极限值之前，元器件的功能并无显著变化。从材料物理的角度来看，这些损伤也属于微观或者介观尺度下的物理变化，因此难以用常规检测手段检测出来，但这对电子设备却是极大的安全隐患。特别是在服役环境恶劣但要求高可靠性的场合，比如航空、航天或军事应用领域，焊点所承受的外界应力更大，某一个焊点出现问题就可能会对整个电子设备可靠性造成严重影响。

2.1 电子封装主要失效机制

由于电子封装涉及多学科领域，因此引起电子封装失效的机理也比较多，如机械、热学、电学、化学、辐射等。随着电子封装形式的不断发展，焊点越来越多，而焊点通常是封装结构中最薄弱的连接部位。在机械与热力学作用下，焊点的退化失效机制主要为疲劳、蠕变、脆性断裂等。辐射、光电环境下焊点内部易发生电迁移、介质击穿等。而在潮湿环境下，焊点容易出现腐蚀现象。

1. 低周疲劳

当焊点经历温度循环时，焊点—元器件和焊点—基板界面将承受应力作用。这是由于材料之间的热膨胀系数失配引起了局部应力，这将导致焊点结构变形。在低水平应力条件下，当应力撤销时，钎料的形变是可逆的。但是，即使应力水平低于钎料的屈服强度，永久的循环应力也会造成不可逆转的塑性形变，称为低周疲劳。焊点疲劳失效机制可分为三个阶段，即裂纹萌生、裂纹扩展及最终断裂。裂纹萌生于局部晶粒变化，裂纹扩展伴随着晶体的扩展，当钎料产生足够大的塑性形变后，焊点的力学强度与电通道完全失效，此时焊点裂纹已发展为断裂。

2. 蠕变

当加载长期性静载荷时，钎料整体将发生塑性形变，即使载荷的应力水平较低，焊点内部也存在蠕变。焊点的蠕变率与钎料合金有关，无铅 Sn-Ag 钎料的蠕变率要高于 Sn-Pb 钎料。

通常情况下，钎料在静载荷作用下的蠕变可以分为三个阶段，如图 2.1 所示。在第一阶段蠕变，所有蠕变损伤的显微组织痕迹都可以从材料上观察到。第二阶段蠕变为稳态蠕变，应力水平保持相对稳定。在这一阶段，个别的孔洞开始出现在钎料中。在第三阶段蠕变，微小的孔洞开始生长，逐渐形成裂纹，最终导致断裂。

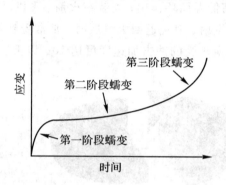

图 2.1　恒定载荷下应变与时间的关系图

在蠕变—疲劳损伤中，第二阶段蠕变起主要作用。钎料蠕变主要是由位错攀移机制或晶界滑移以及晶界扩散引起的，多数无铅钎料的蠕变机制为位错蠕变、扩散蠕变和晶界滑移。

3. 脆性断裂

脆性断裂是由于外部载荷瞬间过大，导致一种或者多种材料突然断裂，而不是塑性形变演变的结果。比如在冲击环境中，电子器件的焊点会发生脆性断裂。脆性断裂通常发生在钎料与基板界面间的金属间化合物上。

4. 电迁移

电迁移现象是在高电流密度作用下，金属中的原子迁移所致。在高电流密度作用下，电流的传输将引起原子的运动，并导致质量运输。在电子器件中，互连的引线发生电迁移首先表现在电阻值的增加。当阻值增加到一定程度，就会引起金属膜局部亏损而出现空洞，或者引起金属膜局部堆积而出现小丘或晶须，从而导致互连线路出现裂纹或短路。

在电子器件尺寸向微米、纳米量级发展的过程中，金属引线越来越细，接触面积越来越小，电流密度越来越高，由此产生的焦耳热可产生局部热击穿，从而加速电迁移的产生。

5. 腐蚀

电子封装的材料普遍采用塑封材料和环氧材料，这些材料气密性较差，对湿度比较敏感。在回流焊过程中，塑封材料容易吸收水分，受热膨胀，可能导致元器件爆裂。环氧树脂类材料的热力学性能受湿度影响较大。在高温情况下，湿气会降低材料的弹性模量和强度。另外，水分子还会腐蚀破坏封装器件内部金属层，改变材料的介电常数，严重影响电子封装的可靠性。

2.2 影响电子封装可靠性的主要环境因素

在电子设备服役过程中，电路板级焊点要承受温度、振动、湿度、盐雾等多种环境应力。美国空军航空电子统计分析中心列出了影响电子封装可靠性的主要环境应力，如图2.2所示。可以看出温度和振动载荷对电子封装的影响最为严重，高达75%的电子封装失效都是由温度或者振动引起的。系统周期性的通电与断电或工作环境温度的周期性变化都会导致焊点遭受周期性的高低温循环作用；安装在火箭、飞机、卫星、空间探测器等中的电子设备，在火箭点火、导弹发射、卫星返回大气层时，常常受到外界高强度连续随机振动与冲击，经折算，电路板焊点所承受的冲击加速度可达10g以上。

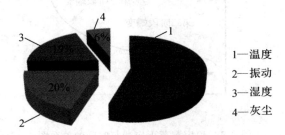

1—温度
2—振动
3—湿度
4—灰尘

图2.2 电子封装失效的主要因素

在热载荷条件下，焊点结构中各部分材料的热膨胀系数（Coefficient of Thermal Expansion，CTE）不同，导致焊点内部产生剪切应力，应力集中的部位会发生塑性形变，导致裂纹萌生、扩展，直至贯穿整个焊点，这种韧性断裂主要由焊点的形变控制。在振动载荷下，焊点损伤主要是由芯片基板与印刷电路板往复弯曲而产生的交变应力引起的，这种脆性断裂则主要由应力控制。

而事实上，在实际服役环境中，振动与温度载荷多数情况下是同时存在的，即焊点内部同时产生两种类型的应力应变，因此焊点产生损伤不只是一种单纯应力诱发的，而是周围多种环境应力叠加的结果。显然，相比于单一应力，在多种应力耦合作用下，焊点所表现出来的动力学行为不可能是几个单应力场试验结果的简单线性相加，焊点的失效机理决定于焊点内部不同类型的应力应变之间的相互作用。目前关于多场耦合作用下焊点失效的模式与机理尚不明确，缺乏对多场耦合作用下焊点疲劳寿命进行有效评估的方法和手段，而这对于实际服役条件下的电子设备可靠性极为重要。

自2009年起，美国国防部（DoD）牵头，联合国家航空航天局（NASA）、海军、空军以及霍尼韦尔（Honeywell）、洛克希德·马丁（Lockheed Martin）、波音（Boeing）等公司启动了电子设备可靠性的"曼哈顿计划"，主要研究焊点对电子设备可靠性的影响并制定应对措施，一直持续至今。当前该项研究已经进行到第三阶段，即"无铅电子设备风险降低计划"（Pb-free Electronics Risk Reduction Program）。近年来，我国也开始逐渐重视关于焊点可靠性的研究，相关工业部门及国家自然科学基金委加大了对焊点疲劳失效研究的投入，但是研究力度与深度同国外相比还相差很远。

2.3　单一载荷下焊点可靠性研究现状

随着电子设备的功能多样化，结构复杂化，且服役环境日趋恶劣，焊点可靠性问题受到越来越多的关注。目前关于焊点可靠性的研究主要集中在单一载荷条件下，即温度或者振动。研究方法可以分为两种：基于环境试验的方法和数值模拟的方法。

2.3.1　基于环境试验方法的焊点可靠性研究

由于电子产品更新换代越来越快，为了在较短时间内获得焊点的失效信息，许多研究学者利用环境试验的方法，在实验室环境下对电路板组件施加热循环应力、振动或者冲击应力，用来模拟其在实际服役中出现的周围温度的改变、长距离运输过程等情况。为此，国内外电子工业部门及军方制定了众多相关标准，如美军标 MIL-STD-810 系列已经从最初版发展到了 MIL-STD-810G。如今，被广泛应用于焊点温度循环与振动试验的有 IPC-SM-785 以及 JESD22-B103B 等。基于温度或振动试验结果，研究人员可以对焊点的可靠性进行分析。

1. 温度载荷下焊点可靠性试验研究

对于温度载荷，Hokka J. 等人研究了 BGA 焊点在热循环试验条件下的可靠性问题，分析了在高、中、低三种温度试验条件下平均温度、高低温驻留时间等因素对 BGA 焊点寿命的影响，并对其失效机理进行了研究。试验结果表明，平均温度越高，低温驻留时间越长，温度变化率越快，对焊点的疲劳寿命的影响越大。Wu K. C. 等人对电源模块中的 CSP 封装焊点在不同温变速率下的可靠性进行了研究。试验结果显示，蠕变应变能密度能够较好地反映不同温变速率对焊点损伤带来的影响，温变速率加快则焊点蠕变应变能密度增加，焊点疲劳寿命降低。Han C. 等人采用温度循环试验的方法，对比研究了 Sn-Ag-Cu 与 Sn-Pb 焊点的温度可靠性，并基于应变能量密度建立了焊点的疲劳寿命模型。结果显示 Sn-Ag-Cu 焊点的热疲劳寿命更长。Coyle R. J. 等人研究了 9 种不同温度循环条件下 12 种无铅焊点的热疲劳寿命，发现 Ag 元素的加入能有效提高焊点的可靠性，无铅焊点的热疲劳寿命要大于传统的 Sn-Pb 焊点。周斌等人设计了菊花链结构的电路板，研究高温时效下 Sn/Sn-Pb 混装焊点的可靠性问题。通过对试验前后焊点的显微组织进行分析，发现随着高温老化试验的进行，焊点的抗拉强度降低，焊点疲劳寿命缩短。王超等人针对 Sn-Ag-Cu 焊点进行了不同驻留时间与不同应变率的低周疲劳试验。结果表明应变速率增加，焊点的疲劳寿命会降低，并且会改变焊点的断裂机制，而驻留时间对焊点寿命影响不够明显。

2. 振动载荷下焊点可靠性试验研究

对于振动载荷，Lai Y. S. 等人进行了大量的振动与冲击试验，试验结果表明，对于 SAC105(98.5Sn-1.0Ag-0.5Cu) 钎料的焊点，近封装侧或 PCB 侧的金属间化合物 (Intermetallic Compound，IMC) 层以及钎体内部都有可能萌生裂纹，但是相比于 IMC 层，钎体萌生裂纹需要更大的振动载荷，而且失效进程更短，脆性断裂特征更加明显。Che F. X. 等人研究了随机振动条件下 QFP 焊点的可靠性，采用高速相机捕捉振动试验下 PCB 及铜引线的动态响应信号，经过对试验结果的分析与处理，发现焊点会先于铜引线产生裂纹，焊点的疲劳失效是 QFP 封装失效的主要原因。Tang W. 等人面向电子设备故障预测与健康管理的应用，利用散斑动态应变测量系统获取随机振动载荷下 QFP 焊点结构的局部动态响应，并对其常见的失效模式进行了聚类分析。温桂琛等人研究了冲击载荷下 BGA 焊点的裂纹产生机理与扩展特点。通过 PCB 组件的跌落冲击试验发现，焊点裂纹和 PCB 结构性断裂是导致 BGA 封装失效的主要原因，焊点顶部与底部是裂纹萌生的区域，焊盘与焊点的相对位置会影响裂纹的扩展方式。尤明懿等人根据无铅 BGA 焊点随机振动试验的失效时间数据与状态监测数据，研究并讨论了视情维修（Condition Based Maintenance，CBM）策略带来的维护效能提升的原因。结果表明，由于充分利用焊点状态监测数据，CBM 策略对电子产品的寿命预测结果更精确。

2.3.2　基于数值模拟的焊点可靠性研究

通常情况下，环境试验一般耗时较长，所需费用较高，因此研究人员通过数值模拟的方法对焊点进行建模，以仿真的形式研究其可靠性。通常情况下，有限元分析流程如图 2.3 所示。

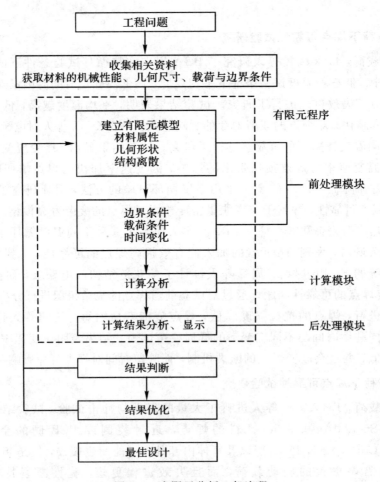

图 2.3　有限元分析一般流程

1. 温度载荷下焊点可靠性模拟研究

Ekpu M. 等人基于有限元分析方法研究了三类无铅焊点（SAC105、SAC305 和 SAC405）在 −40~85℃ 的热循环条件下的疲劳寿命，分析了不同的焊接面厚度对焊点可靠性的影响。通过对应力、应变及塑性功密度的分析，得出焊点的疲劳寿命随着焊接面厚度的增加而延长，并认为 SAC405 的可靠性比其他类型无铅钎料的可靠性更高。Amalu E. H. 和 Ekere N. N. 等人利用 ANSYS 软件建立了 BGA 焊点的模型，分析了焊点高度及 IMC 层厚度对焊点热疲劳寿命的影响。模拟结果显示，由于蠕变导致芯片与焊点间出现韧性断裂是焊点的主要失效模式，并且焊点的疲劳寿命会随着焊点高度的下降而缩短。脆性的 IMC 层会对焊点的可靠性产生影响，随着温度循环周期的增加，IMC 层逐渐增厚，焊点的疲劳寿命下降。Chen J. 等人结合有限元建模和金属热疲劳分析方法对 SAC305 和 Sn-Pb 两种焊点在快速温度循环条件下的失效机理进行了研究，对于单个焊点来说，裂纹首先在 SAC 焊点靠近电路板侧的底部萌生，而 Sn-Pb 焊点的可靠性较高，在相同试验条件下并没有观察到裂纹。田野等人采用有限元模拟的方法分析焊点的失效情况，并根据以能量为基础的 Darveaux 寿命模型对温度载荷下的微焊点疲劳寿命进行预测。结果表明裂纹最易产生在芯片侧焊盘附近，边角焊点疲劳寿命最低。张亮等人采用有限元法模拟对 SAC105 无铅焊点的应力—应变响应进行分析，并基于 Garofalo-Arrhenius 蠕变模型计算焊点疲劳寿命。结果表明，在温度循环载荷下，整个电子器件会出现翘曲现象，中心焊点的应力应变最小，边角焊点应力应变最大。随着时间的增加，焊点内部的蠕变效应显著增加。

2. 振动载荷下焊点可靠性模拟研究

Wu M. L. 建立了电子组件的全局模型与焊点的局部模型，将全局模型中电路板的振动响应作为焊点局部模型的输入，通过分析关键焊点的应力变化，基于 Miner 准则对 BGA 与 CSP 焊点的寿命进行预测。Cinar Y. 等人研究了简谐振动下 DDR 型内存设备中的 BGA 焊点可靠性问题，利用 ANSYS 软件分别建立内存设备的全局模型与焊点的局部模型，并结合 Miner 准则与 Basquin 方程预测焊点的寿命。刘芳等人利用有限元模拟的方法研究了 BGA 焊点在随机振动载荷下的疲劳寿命，发现当 PCB 的紧固螺栓发生松动时，焊点的剥离应力会迅速增加进而导致焊点寿命降低。杨雪霞等人研究了板级跌落冲击载荷下无铅焊点形状对 BGA 封装可靠性的影响。不同形态的焊点有限元模型分析结果显示，沙漏型焊点可靠性最高，而桶型焊点疲劳寿命最短。梁颖等人研究了随机振动条件下形态结构参数对 BGA 无铅焊点应力应变影响，选取焊点高度、焊盘直径、引脚间距、焊点矩阵四个结构参数设计不同形态的 BGA 焊点，并建立了相应的有限元模型。结果表明，焊点矩阵对焊点应变产生的影响最大，而焊盘直径的影响作用不明显。

2.4　多场耦合条件下焊点可靠性研究进展

关于多场耦合作用下的焊点可靠性问题，国内外研究时间都不长，尚处于起步阶段。Upadhyayula K. 和 Dasgupta A. 等人最早研究了温度循环与冲击振动复合加载情况下的焊点可靠性问题，提出了损伤增量叠加法。研究结果表明复合加载对焊点造成的损伤小于室温条件下单纯振动造成的损伤。Qi H. 和 Osterman M. 等人通过建立热应力模型与振动应力模型来分析焊点在这两种载荷下所承受的应力水平，并采用广义应变的方法对焊点损伤进行叠加计算。研究结果表明，与单纯振动或者热循环载荷相比，焊点在振动和热循环复合加载情况下更容易出现损伤，焊点疲劳寿命更短。Zhang H. W. 等人研究了不同温度（25℃、65℃、105℃）条件下的焊点振动可靠性问题。试验结果显示，与单纯振动载荷相比，焊点的寿命会随着温度的升高而延长，并且温度是决定焊点裂纹扩展方式的主要因素。Kim Y. K. 等人研究了在强振动与热冲击条件下 PBGA(Plastic Ball Grid Array)封装结构的可靠性，对 PBGA 焊点进行了随机振动与温度冲击的顺序加载试验，即先进行随机振动试验，再进行温度冲击试验。试验结果表明，对焊点进行随机振动后再进行温度冲击并不会对其造成额外损伤。Ding Y. 等人研究了 CCGA(Ceramic Column Grid Array)焊点在依次经历正弦振动、随机振动、温度循环载荷试验后的可靠性，得出机械振动是导致焊点裂纹萌生的主要原因，通过加固 PCB 可以提高焊点的可靠性。张波等人研究了温度循环与跌落冲击顺序载荷下的板级无铅焊点的可靠性，即先进行温度循环试验，再进行跌落冲击试验。结果表明，少量的温度循环试验后焊点的跌落寿命反而延长了，而过量的温度循环载荷会使焊点寿命缩短。在实际服役过程中，焊点失效是温度与振动同时作用的结果，焊点在耦合作用下的失效机理和先后经历热周期与机械载荷的失效机理可能会有较大不同。王欢等人根据线性叠加法对复合载荷下的焊点寿命进行了数值模拟，将温度或者振动单一载荷下的焊点变形情况作为多轴加载的边界条件，通过线性叠加的方法计算焊点的寿命，但并没有相关试验结果的支持。

总结对电路板级焊点可靠性研究现状的分析，我们可以得出如下结论：

（1）国内外研究学者虽然在焊点可靠性研究方面做了许多工作，但是由于焊点从有铅到无铅的转换时间还不长，因此对无铅焊点的可靠性认识还不够。

（2）国内外关于焊点的失效机理分析与寿命评估的研究大都集中在单一载荷（振动或者温度）条件下，这显然与焊点的实际服役环境是不相符的，因此研究成果的应用价值有限。

（3）国内外关于焊点在多场耦合作用下的可靠性试验研究十分有限，仅有的试验研究很大一部分也是在温度与振动顺序载荷下依次进行的，对于两种载荷同时作用下的焊点可靠性研究少之又少，而且试验结论尚不统一。

2.5 焊点疲劳寿命模型研究现状

研究焊点失效机理的重要目的之一是要评估和预测焊点的剩余寿命，以便在焊点失效前采取相应的预防维护措施。目前，评估焊点疲劳寿命的模型数量有限，而且大都是基于模拟仿真提出的，即在假设焊点几何尺寸和边界条件确定的情况下，选择一个本构模型（如 Anand 模型等）描述焊点材料在外界载荷下的行为，通过有限元分析软件计算出应力—应变关系，并作为焊点疲劳寿命模型的输入，进而预测焊点的寿命。

总体来讲，焊点的疲劳寿命模型可以归结为三类：

（1）基于应变的疲劳寿命模型，其中应变又细分为塑性应变和蠕变应变。

（2）基于能量的疲劳寿命模型，即利用应力应变滞后环中的信息预测寿命。

（3）基于断裂力学的疲劳寿命模型，即利用焊点的断裂机理预测寿命。

目前，常用的焊点疲劳寿命模型如表 2.1 所示。下面对常用的几种寿命模型进行简要阐述。

表 2.1　常用的焊点疲劳寿命模型

焊点的疲劳寿命模型	应　变		能　量	断裂力学
	塑性应变	蠕变应变		
Coffin-Manson	√			
Engelmaier	√			
Soloman	√			
Norris-Landsberg	√			
Miner	√	√		
Syed		√	√	
Knecht and Fox		√		
Darveaux			√	√
Heinrich			√	
Akay			√	
Stolkarts				√
Pao				√

2.5.1　基于应变的疲劳寿命模型

1. 塑性应变模型

塑性应变疲劳寿命模型是基于材料的疲劳损伤是由不可逆变形引起的假设。以 Coffin-Manson 公式为例，大量试验表明，在外部载荷下，焊点材料产生塑性应变，进而引起疲劳损伤，而弹性应变的影响很小，几乎可以忽略。因此，Coffin 与 Manson 基于塑性应变疲劳损伤理论，提出了疲劳失效周期数与塑性应变幅值的函数关系，被称为 Coffin-Manson 公式，具体形式如下：

$$\frac{\Delta\varepsilon_p}{2} = \varepsilon_f (2N_f)^c \tag{2.1}$$

$$N_f = \frac{1}{2}\left(\frac{\Delta\varepsilon_p}{2\varepsilon_f}\right)^{\frac{1}{c}} \tag{2.2}$$

式中，$\Delta\varepsilon_p$ 为塑性应变范围，ε_f 为疲劳延展系数，N_f 为疲劳寿命周期数，c 为疲劳延展指数，一般取值范围为 $-0.7\sim-0.5$。Coffin-Manson 公式是目前广泛应用的通过应变描述疲劳的方法，基于该模型进行疲劳寿命分析时，首先要通过试验得到材料的性能参数，然后通过计算机进行数值模拟计算，从而得到疲劳寿命。

由于 Coffin-Manson 公式只考虑了塑性应变对疲劳寿命的影响，而在实际环境中，焊料的总应变中必然会包含蠕变，所以单纯求解塑性应变比较困难。而热膨胀不匹配系数很容易得到，且不需要任何假设，因此 Engelmaier 引入温度与循环频率，通过与温度和时间相关的疲劳延展指数来测量应力释放过程，建立了 Engelmaier 模型，具体形式如下：

$$N_f = \frac{1}{2}\left(\frac{\Delta\gamma}{2\varepsilon_f}\right)^{\frac{1}{c}} \tag{2.3}$$

$$c = -0.442 - 6\times10^{-4}T_s + 1.74\times10^{-2}\ln(1+f) \tag{2.4}$$

式中，$\Delta\gamma$ 为材料总的非弹性应变，ε_f 为疲劳延展系数，c 为疲劳延展指数，T_s 为循环平均温度，f 为循环频率。

2. 蠕变应变寿命模型

由于焊点材料的熔点较低，即使在室温下，焊料也会有蠕变行为发生，因此如果在焊点的疲劳寿命模型中没有考虑蠕变的影响，结果会存在较大的误差。

Syed 模型是一种典型的基于蠕变机理的疲劳寿命模型。Syed 认为稳态蠕变累积是焊点在热循环作用下产生损伤的最主要原因，和时间无关的塑性形变作用非常小。该模型的具体形式如下：

$$N_f = (C'\varepsilon_{acc})^{-1} \tag{2.5}$$

式中，N_f 为疲劳寿命周期数，C' 为蠕变延展系数的倒数，即 $1/\varepsilon_f$，ε_{acc} 为每个循环周期内的累积蠕变范围。

稳态蠕变的机制分为两种：晶界滑移与基体蠕变。式(2.5)可以进一步分解为

$$N_f = (C'_I\varepsilon^I_{acc} + C'_{II}\varepsilon^{II}_{acc})^{-1} \tag{2.6}$$

式中，C'_I 与 C'_{II} 分别为两种类型蠕变机制所对应的蠕变延展系数的倒数。

2.5.2　基于能量的疲劳寿命模型

能量型疲劳寿命模型的依据是焊点裂纹的萌生、扩展与外部载荷的每个循环周期内所耗散的能量有关，而该部分能量可以通过测量应力应变迟滞环获得。焊点在周期载荷下，总的应变能包含了应力与应变信息，以此作为焊点损伤的表征量精度较高。因此，Akay 通过研究无引脚陶瓷芯片载体（Leadless Ceramic Chip Carrier，LCCC）封装的有铅焊点疲劳行为，提出了如下模型：

$$N_f = \left(\frac{\Delta W_{total}}{W_0}\right)^{\frac{1}{k}} \tag{2.7}$$

式中，N_f 为疲劳寿命周期数，ΔW_{total} 为总的应变能，W_0 为疲劳系数，k 为疲劳指数。

Darveaux 将每个周期内累积的平均非弹性应变能与裂纹萌生周期、裂纹扩展速率相关联，提出了一种能量型寿命模型，该模型分为两部分：

$$N_0 = a(\Delta W_{ave})^b \tag{2.8}$$

$$\frac{d_a}{d_N} = c(\Delta W_{ave})^d \tag{2.9}$$

式中，ΔW_{ave} 为平均非弹性应变能，N_0 为裂纹萌生的寿命周期，a、b、c、d 为模型常数，d_a/d_N 为裂纹扩展速率。

假设裂纹扩展速率为常数，则可以通过计算裂纹产生与扩展所需的循环周期来求解疲劳寿命，其表达式为

$$N_w = N_0 + \frac{a_s}{d_a/d_N} \tag{2.10}$$

式中，N_w 为特征疲劳寿命（失效概率为 63.2% 的周期数），a_s 为裂纹的总长度。

与基于应变的寿命模型相比，以能量为基础的寿命模型在进行寿命预测时，将应力应变迟滞能量效应考虑在内，因此模型的精度较高。但是该模型也存在明显的缺点，使用时需要分两步走，首先求出裂纹萌生的周期数，然后通过断裂力学理论计算裂纹扩展速率，求解出裂纹扩展至断裂的周期数，两部分相加才能得到总的寿命周期。而在实际工况条件下，焊点的裂纹萌生与扩展是不易区分的，两者经常同时存在。

2.5.3　基于断裂力学的疲劳寿命模型

焊点在外部载荷作用下发生损伤失效的行为，本质上是焊料的疲劳裂纹萌生、扩展、最终断裂的过程。因此，基于断裂力学的方法，通过研究焊点裂纹的产生、失稳扩展及断裂规律来评估焊点可靠性是一种重要方法。

断裂力学理论按照裂纹在外力作用下的扩展方式，可以将其归纳为三种模式，如图 2.4 所示。

（1）张开型（Ⅰ型），裂纹受垂直于其表面的拉力而产生与扩展。

（2）滑开型（Ⅱ型），裂纹在与其表面平行的剪切应力下扩展，应力方向与裂纹方向一致。

（3）撕开型（Ⅲ型），在平行裂纹表面的剪切应力作用下，裂纹表面上下错开。

通常情况下，裂纹会同时受正应力和剪切应力作用，这时Ⅰ型和Ⅱ型（或Ⅲ型）同时存在，称为复合型裂纹。

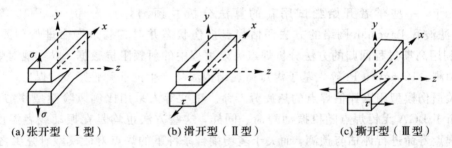

(a) 张开型（Ⅰ型）　　　(b) 滑开型（Ⅱ型）　　　(c) 撕开型（Ⅲ型）

图 2.4　裂纹的三种基本模式

能量释放率是判断裂纹产生后是否会失稳扩展的重要判据。当裂纹扩展单位面积释放的应变能大于其形成裂纹自由表面所需能量时，裂纹就会失稳扩展；否则裂纹就处于静止状态，不会发生扩展。目前计算焊点能量释放率时，使用较多的方法有裂纹尖端开口位移方法、直接方法以及 J 积分方法等。

以裂纹尖端开口位移法（Crack Tip Opening Displacement，CTOD）为例，首先通过试验方法或者数值模拟方法得到裂纹尖端的位移场，然后测量裂纹尖端附近位移场在裂纹张开和剪切方向的位移变化，获得复数应力强度因子（实部对应Ⅰ型裂纹，虚部对应Ⅱ型裂纹），进而求解能量释放率（G）和相角（φ）。

$$G = \frac{1}{4}\left[\frac{D_{\mathrm{II}}}{\cosh^2 \pi\varepsilon}K_{\mathrm{I}}^2 + \left(D_{\mathrm{II}} - \frac{W_{21}^2}{D_{\mathrm{II}}}\right)K_{\mathrm{II}}^2\right] \tag{2.11}$$

$$\varphi = \arctan\frac{K_{\mathrm{II}}}{K_{\mathrm{I}}} \tag{2.12}$$

其中：

$$D_{\mathrm{II}} = \frac{1-v_1}{G_1} + \frac{1-v_2}{G_2} \tag{2.13}$$

$$K_{\mathrm{I}} = \frac{\Delta u_1 \mathrm{Im}(\xi) + \Delta u_2 \mathrm{Re}(\xi)}{\mathrm{Im}^2(\xi) + \mathrm{Re}^2(\xi)} \frac{1}{D_{\mathrm{II}}} \sqrt{\frac{\pi}{2r}} \tag{2.14}$$

$$K_{\mathrm{II}} = \frac{\Delta u_1 \mathrm{Re}(\xi) + \Delta u_2 \mathrm{Im}(\xi)}{\mathrm{Im}^2(\xi) + \mathrm{Re}^2(\xi)} \frac{1}{D_{\mathrm{II}}} \sqrt{\frac{\pi}{2r}} \tag{2.15}$$

$$W_{21} = \frac{1-2v_1}{2G_1} - \frac{1-2v_2}{2G_2} \tag{2.16}$$

$$\varepsilon = \frac{1}{2\pi} \ln \frac{G_1 + G_2(3-4v_1)}{G_2 + G_1(3-4v_2)} \tag{2.17}$$

$$\xi = \frac{1}{(1+4\varepsilon^2)\cosh\pi\varepsilon} (1-2i\varepsilon) \left\{ \cos\left[\varepsilon\ln\left(\frac{r}{2a}\right)\right] + i\sin\left[\varepsilon\ln\left(\frac{r}{2a}\right)\right] \right\} \tag{2.18}$$

式中，Δu_1 与 Δu_2 为裂纹尖端位移场在张开与剪切方向的位移变化，G_1、G_2 与 v_1、v_2 分别表示两种不同材料的剪切模量与泊松比，a 表示裂纹长度，r 表示位移节点离裂纹尖端的距离。相角 φ 反映了焊点的断裂模式是张开模式（$\varphi < 45°$）还是剪切模式（$\varphi > 45°$）为主。

以上所述的这些寿命模型均是基于某一种特定的载荷环境，针对某一类焊点（Sn-Pb/SAC）提出的，焊点的材料参数不一致就可能导致预测结果的误差很大甚至错误。于是，有的学者根据使用场合的差异对这些模型进行一些改进，但基本原理并没有改变。

近几年，一些学者开始尝试用新的算法分析并预测焊点寿命。Lall P. 等人基于 Kalman 滤波和 Bayesian 网络的方法评估焊点损伤状态并对其剩余寿命进行预测。Kwon D. 等人利用高斯过程回归的方法分析焊点失效过程中的射频阻抗数据，以实现对焊点剩余寿命的预测。Rajaguru P. 等人基于焊点微观结构演化产生的非弹性形变，提出了一种二维时间相关损伤模型用以评估焊点的热疲劳寿命。王文等人采用比例风险模型并结合 Miner 准则分析了 BGA 无铅焊点随机振动寿命。同样，这些方法也均是在振动或者温度单一载荷下对焊点寿命进行评估与预测，而关于多场耦合条件下的焊点寿命模型研究少之又少。

焊点的疲劳失效问题已经成为制约实际服役环境中电子设备可靠性的瓶颈，也逐渐引起了众多专家与学者的关注，但是近几年国内外关于多场耦合作用下焊点可靠性研究的进展却依然缓慢。究其原因，主要有：

（1）多物理场耦合的实验设计。研究焊点在多场耦合作用下的疲劳失效问题需要设计多组耦合实验，观察不同载荷参数组合的耦合效应对焊点失效模式与机理的影响。然而不同载荷参数之间存在复杂的耦合关系，给实验结果分析带来很大困难。因此需设计合理、高效的耦合实验，以便量化耦合效应对焊点失效带来的影响。

（2）焊点失效进程的信号表征方式。随着电子制造工艺的发展，焊点的尺寸越来越小，尤其对于阵列式封装的焊点，焊点位于芯片与 PCB 之间，用传统的测量手段根本无法对内部焊点本身的信息进行有效监测，比如超声无损检测的分辨率通常在毫米级，而焊点的裂纹基本在微米级，因此需要找到合适的焊点失效进程监测与表征方式。

（3）微观机理与宏观信号表征之间的联系。在实际服役环境中，研究焊点失效机理的目的是为了评估焊点寿命及状态，在焊点失效前对其采取预防维护措施，以防止整个电子设备故障或失效。因此需要建立焊点微观失效机理与宏观信号表征之间的联系，使维护人员根据监测的宏观信号就能判断焊点所处的状态。

后面的章节将从电子封装环境实验设计、信号表征及数据处理等多个方面进行分析。

2.6　电子封装失效分析技术

根据国军标《可靠性维修性保障性术语》(GJB451 — 2005)中的描述，失效分析是指产品失效后，通过对其材料、结构、使用和技术文件的系统研究分析，确认失效模式，判定失效原因，揭示失效机理和失效演变过程，并提出预防措施的整个流程。

电子元器件在研制、生产和使用中都可能发生失效，通过失效分析工作可以帮助设计人员找到设计上的缺陷、工艺参数的不匹配，同时帮助生产制造方找到生产线上的缺陷，快速提升制程良品率，也帮助使用者找到应用或选型不妥的地方。虽然失效分析工作需要花费不少时间和费用，但是失效分析和反馈纠正措施能够显著提高器件的成品率和可靠性，从而降低生产及使用成本。

失效分析的基本内容包括：失效背景调查、失效模式鉴别、失效特征分析及描述、失效机理假设及验证、提出纠正或改善措施等。失效分析着重于确定失效模式，分析失效机理以及探讨改进方法，有时辅以模拟验证及失效再现，并可对改善措施的效果进行后续追踪记录。

典型的集成电路失效分析流程可以参考美军标 MIL – STD – 883F，如图 2.5 所示。

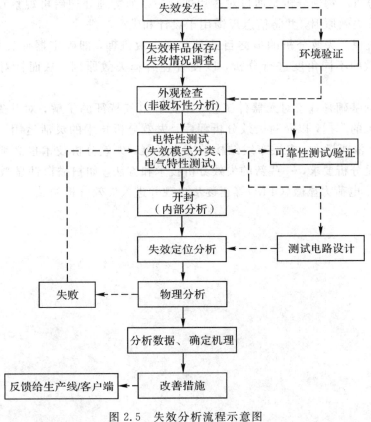

图 2.5　失效分析流程示意图

（1）外观检查。一般利用普通光学显微镜或立体显微镜来进行外观检查。可以检查封装外表是否有烧伤痕迹，是否有焊锡锡须残留桥接，器件封装表面是否有异常沾污物，对于系统板上的失效芯片还可以检查是否有焊接异常，引脚间有无焊锡连接，器件周围以及器件封装表面是否有异常沾污物等。

（2）电特性测试。电特性测试一般要进行较为完备的功能及参数测试来获得全面的失效模式信息。如果电特性测试没有发现电性失效，则需要反馈当时的失效环境或条件进行可靠性测试和试验验证。

（3）内部分析。内部分析包括 X 射线检测、红外线检测、声学扫描显微分析、残留气体分析等。X 射线检测利用 X 射线在不同材料中穿透能力不同而成像灰度不同的原理，主要用来检测多余物、虚焊、塑料封装中的分层、焊点气泡等。红外线会穿透硅而被金属和树脂铸模反射，可以检测芯片金属互连线的状态和键合缺陷。声学扫描显微分析利用超声波在不同声阻材料界面的反射波强度和相位的不同来发现塑封器件的分层、芯片黏结空洞。残留气体分析主要针对的是封装腔体内的水汽和腐蚀性气体，对于器件表面的污染或引线腐蚀失效原因分析十分重要。

（4）失效定位分析。在芯片失效分析中，通过缺陷隔离技术来定位失效点，然后通过结构分析和成分分析确定失效原因。失效定位分析时器件必须开封，对于不同的封装材料和结构可采用机械或化学腐蚀方法进行，必要时需对器件的钝化层进行剥离，暴露出下层金属（去钝化层通常采用等离子刻蚀、反应离子刻蚀等方法）。

（5）物理分析。物理分析是通过对芯片进行一系列物理处理后再观察和分析其失效部位，进一步明确失效原因，并将信息反馈用于设计和生产改进。

（6）确定机理。失效分析的最终目的是明确失效机理，即确定器件失效的真正原因。因此必须从失效的不同角度进行分析，以便合理解释失效原因，从而针对性地提出改进措施。

失效分析的基础是基于对元器件工艺、结构和电气特征的了解，对其失效模式、失效特征及失效机理的掌握，以及对失效分析程序、失效分析技术的灵活运用。随着集成电路正在向亚微米、深亚微米、多层布线结构的方向发展，失效分析技术也必须保持与之相适应的发展来满足分析要求，一些新的失效分析技术和方法，如扫描探针显微（SMP）、原子力显微（AMF）、电荷力显微（CFM）等正逐步出现并进入失效分析领域。

第二篇　电子封装的环境可靠性试验方法

　　本篇首先介绍了电子封装环境试验装置的组成与搭建、试验件的制备以及夹持装置的设计方法；其次从传感器布局、数据采集装置及动态应变测量三个方面介绍了焊点失效进程信号实时监测系统；最后介绍了如何设计一个力、热耦合应力试验，包括试验方案的制定、载荷谱的设计及初步的试验结果分析。

第3章　环境应力的试验装置

3.1　概　　述

近年来，为了提高焊点的可靠性和使用寿命，大量的理论和试验研究工作从材料的角度出发，探究不同钎料成分对焊点力学性能的影响，并采用掺入稀有金属元素的方法提高焊点可靠性；同时结合焊点的尺寸效应，通过试验比较不同的焊点形状、焊球高度、焊盘直径等因素对力学性能的影响，从而寻求更加优化的焊点尺寸组合；另外，诸多研究致力于在焊点制备过程中，通过优化回流参数和提高控制精度来提高焊点的可靠性。同时，对焊点进行拓扑优化，通过改进焊点的间距和引脚的布局也可以提高焊点的可靠性。

除了研究如何提高焊点本身的力学性能之外，当前越来越多的可靠性研究开始结合焊点的实际服役环境展开，其中，温度、振动、跌落、高电流密度等环境下的焊点可靠性问题成为研究重点。已有的研究结果表明，在温度循环加速试验中，焊点寿命受到升/降温速率和高/低温驻留时间的影响，增加驻留时间和温变速率会加速焊点的失效过程。在振动环境中，焊点的失效过程对振动的频率和幅值非常敏感，正弦振动和随机振动下的焊点失效结果存在差异；拉伸载荷与剪切载荷导致焊点产生不同的裂纹萌生和扩展机制。同时，已有文献研究了跌落工况下焊点的断裂模式，比较分析了不同材料和尺寸的焊点在跌落环境下的可靠性问题。另有研究表明，焊点在高电流密度条件下的电迁移行为也会对焊点的可靠性产生影响。

实际上，焊点的真实服役环境比较复杂，焊点往往受到多种不同环境应力的同时加载。但是，对于焊点在耦合场作用下的可靠性问题仍有待深入研究，耦合应力作用下的焊点力学行为及其失效模式尚未得到统一结论。耦合场问题的研究是相对复杂的系统工程，不同学者往往只针对特定的耦合环境进行试验研究，并就耦合效应对焊点可靠性的影响给出定性的结论。

相对而言，热、电耦合下的焊点可靠性研究得到了更多学者的重视。有研究者针对Sn-58Bi-0.7Zn焊点分别进行了热、电耦合试验，结果表明，耦合试验中的焊点比单一温度时效试验中的焊点具有更好的抗拉伸性能。实际上，更多的研究表明，不同温度条件影响下的焊点电迁移效应，导致焊点的失效模式、裂纹位置和应变能密度的变化率也有所不同。这说明，耦合载荷对焊点的损伤效应并不等同于几个单一载荷的简单叠加，不同载荷之间互相影响，对焊点的损伤过程产生复杂的耦合效应。这种效应在机械载荷与温度载荷的耦合环境中表现得更为突出。

在实际工作环境中，温度载荷一般包括温度时效载荷和温度循环载荷，机械载荷一般分为高速冲击载荷和振动载荷。相比而言，温度循环载荷与振动载荷的耦合效应更为复杂，两者都可以引起焊点内部及金属间化合物（IMC）层的应力周期性变化，导致焊点的塑性形变和疲劳失效。

有研究者分析了 SAC305 焊点在不同温度时效（25℃、65℃、105℃）下与随机振动耦合的失效行为，试验结果表明，焊点在 105℃下具有更高的振动强度，105℃和 65℃下的焊点寿命相对 25℃时分别提高了 70％和 174％。这说明，高温载荷明显抑制了振动载荷对焊点的破坏效应，延长了焊点的使用寿命。但是该结论并未设计温度循环载荷与振动载荷的耦合试验，也没有就不同振型和振动方向的载荷进行深入研究。实际上，在温度循环与振动载荷同时作用时，不同的温度参数与振动参数相互作用，产生更为复杂的耦合效应。

目前，针对焊点在温度循环与振动耦合下的可靠性研究仍不多见，关于焊点耦合试验的环境加载方案和实施方法并没有确定的标准，需要设计完整的试验装置和试验方法进行系统、深入的探究。

在研究焊点的可靠性及失效机制的试验中，大多数文献都通过扫描电子显微镜对试验结果进行观察，通过观察裂纹的形貌和位置判断焊点的断裂模式，通过观察晶体的形状和分布判断 IMC 层的生长行为，通过观察裂纹的长度和扩展方向预测焊点的剩余寿命。然而，扫描电镜的观察结果只能反映焊点在试验各阶段的状态，并不能实时反映焊点在环境加载过程中的真实变化过程和速度规律。

目前已有研究者尝试通过实时监测焊点在加载过程中的阻值变化，寻求焊点失效过程在电信号上的征兆模式。然而，裂纹的扩展初期是一个相对缓慢的过程，微裂纹的产生并不会对焊点的导电性能产生明显的影响。因此，该方法并不能明显地监测出焊点在裂纹初期的状态信息。

应变状态是反映焊点力学行为的最直接参数，众多的寿命预测模型都是基于焊点的应力应变状态提出的。然而由于焊点极其微小，因此很难用监测手段直接获取焊点表面或者内部的应变状态。另有研究者尝试将应变片贴装在芯片关键焊点旁边的 PCB 上，通过研究焊点附近的应变变化规律，为焊点的寿命预测提供参考依据，但是，由于在振动环境中PCB 产生翘曲效应，应变片与焊点安装于 PCB 的不同位置，其应变分布明显受到振动加载条件变化和 PCB 形状不同的影响，为试验结果的分析带来了较大的困难。

随着技术的进步，研究者进而尝试采用非接触式的检测手段跟踪焊点的试验状态，比如利用光学原理，采用动态散斑应变仪实时采集焊点的应变值，或者利用热成像原理，采用红外热像仪监测焊点内部的能量分布规律，这两种方法均取得了较好的试验效果。但是对于振动与温度耦合试验，试验环境为密闭狭小的空间，不利于大型非接触式检测设备的施加和工作。因此，如何尽量真实地实时采集耦合试验中的应变响应，仍是目前急需研究的重要问题。

下面各小节着重于总结与分析焊点在环境应力试验中常用的试验装置与试验方法。主要包括以下几个方面：

（1）环境应力的加载方法与装置；

（2）试验件的制备及其夹持装置；

（3）传感器布局与数据采集装置；

（4）试验件的后期处理与焊点检测装置。

3.2　单一环境应力的试验装置

3.2.1　振动应力的试验装置

振动应力的主要加载装置为振动台。常用的振动台分为电动振动台和液压振动台两种。电动振动台控制精度高、高频响应灵敏，但是推力小、低频响应不足；液压振动台可以实现很大的推力，并保持稳定的低频响应，但是具有较差的控制精度。针对电路板在高频环境下的振动响应进行研究，对控制精度具有较高的要求，而且电路板重量很小，不含夹持装置的试验件的重量低于 1 kg，因此，综合具体试验要求，往往选用电动振动台进行焊点的振动试验。

电动振动台主要的工作原理或法则是：力是由在一个磁场内的载流导体所产生的，数学表达式为

$$F = BLI \tag{3.1}$$

在磁场里移动的导体会感应电势：

$$E = BLv \tag{3.2}$$

其中：F 为振动台的激振力，B 为磁通密度，L 为导体长度，I 为流过导体电流的大小，E 为感应电势，v 为导体运动速度。

感应电势与功率放大器输入导体(驱动线圈)的电压方向相反，称为反电动势，这个反电动势的大小与导体的运动速度成正比。在高频端，台面(驱动线圈)在磁场内运动速度很小，只产生很小的反电动势。功率放大器的输出电压必须足够大，以克服反电动势，从而产生推动动圈的电磁力。

电动振动台系统由振动台台体、振动控制仪、功率放大器、冷却装置等部分构成，如图3.1 所示。其中，振动控制仪产生控制信号，通过功率放大器进行调制放大，通过励磁效应作用于振动台台体，使振动台动圈产生垂直方向的上下振动，动圈上安装的加速度计实时地将加速度信号反馈给振动控制仪，形成完整的闭环控制。同时，通过冷却装置对振动台进行散热处理，以确保系统稳定持续地工作。一般的冷却装置分为风冷和水冷两种方式，

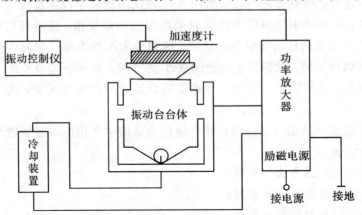

图 3.1　电动振动台系统框图

由于焊点的振动试验对振动台的推力（功率）要求相对较小，因此，往往选用风冷方式（冷却风机）进行散热。

电动振动台系统的实物由振动台台体、振动控制仪、功率放大柜、冷却风机等构成，如图 3.2 和图 3.3 所示。

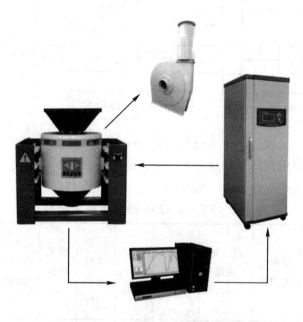

图 3.2　电动振动台实物参考图

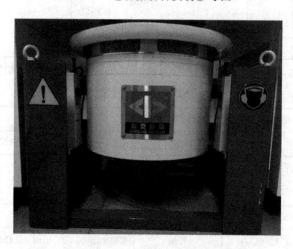

图 3.3　电动振动台台体实物图

振动台技术参数的确定由具体试验要求计算可得，其核心技术参数为振动台推力，由试验过程所需的最大加速度推算，表达式为

$$F = ma \tag{3.3}$$

其中质量 m 应包括振动台动圈质量、振动台扩展台质量以及被测产品和夹具的质量。如果是低频随机试验，会存在随机推力只有正弦推力 $70\% \sim 80\%$ 的情况，因此在根据功率谱密度计算推力的过程中，应留出 25% 左右的余量。

振动试验装置的功率放大器(以下简称功放)主要由电源、逻辑模块、可编程逻辑控制器、触摸屏及数据总线组成。功放具备电气逻辑控制、报警及保护采集等功能。功放控制系统如图3.4所示。

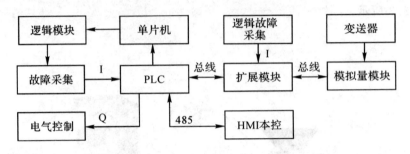

图3.4 功放控制系统

以某试验仪器公司生产的ET‐6‐230型振动台为例,表3.1为该振动台的主要技术参数,其额定推力(激振力)为6 kN,频率范围为2~3500 Hz。

表3.1 ET‐6‐230振动台技术参数

额定正弦激振力/kN	额定随机激振力/kN	冲击激振力/kN	频率范围/Hz	最大加速度/(m/s²)	额定速度/(m/s)	额定位移(p‐p)/mm	一阶谐振频率/Hz	最大负载/kg	运动部件等效质量/kg	电源	台体尺寸/mm	台体重量/kg
6	6	12	2~3500	1000	1.8	51	2900±5%	300	6	3相4线380VAC±10%, 50Hz	764×530×660	480

表3.2为SDA‐6型功放的主要技术参数,其额定输出功率为6 kN。

表3.2 SDA‐6功放技术参数

输出功率	输出电压	输出电流	功放尺寸	功放重量
6 kV·A	60 V	100 A	607 mm×820 mm×1465 mm	200 kg

表3.3为B‐1000型冷却风机的主要技术参数,其额定功率为4 kW。

表3.3 B‐1000冷却风机技术参数

风机功率	风机流量	风管长度	风机尺寸	风机重量
4 kW	0.33 m³/s	4 m	620 mm×705 mm×1125 mm	115 kg

3.2.2 跌落与冲击应力的试验装置

电子产品在使用中经常发生失手跌落情况,在跌落冲击过程中,电路板与芯片之间的细小焊点连接成为最容易遭受破坏的部位。研究焊点在跌落冲击中的力学行为成为产品可靠性研究的重要内容。

跌落冲击试验包括产品级试验和电路板级试验。由于产品级试验可重复性差,因此较多的研究人员选择电路板级试验,需要用到专门的跌落冲击试验机。国际电子器件标准联盟(JEDEC)在其标准草案 JESD22 - B111 中推荐了一种跌落冲击试验机,结构如图 3.5 所示。试验机主要由导杆、跌落台和刚性基座组成。刚性基座上铺有毡子等材料,用来控制冲击加速度曲线的形状。被测的电路板通过 4 个螺栓固定在跌落台上部的基板上,基板与电路板之间留有 10 mm 空隙,使得电路板有足够空间发生弯曲变形。

　　试验时,跌落台从 1.5 m 高度沿着导杆无初速度释放,跌落到刚性基座上,使得规定形状、幅度和持续时间的加速度脉冲作用于跌落台,并通过基板和固定螺栓传递到被测 PCB 及封装元器件上。加速度计连接在基板上,实时记录冲击过程中加速度曲线的峰值、持续时间和形状。

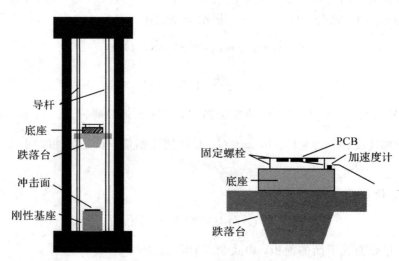

图 3.5　板级封装跌落冲击试验装置

　　JEDEC 针对便携式产品的电路板级冲击加速度脉冲制定测试标准,如表 3.4 所示。推荐使用加速度峰值为 $1500g$(g 为标准重力加速度)、作用时间为 0.5 ms 的半正弦的加速度脉冲,即工况 B。研究或测试人员还可以根据需要选用其他工况。

表 3.4　冲击脉冲条件

测试条件	等效跌落高度 (inches)/(cm)	速度变化 (in/s)/(cm/s)	峰值加速度 $\times g/(m/s^2)$	脉冲时间/ms
H	59/150	214/543	2900	0.3
G	51/130	199/505	2000	0.4
B	44/112	184/467	1500	0.5
F	30/76.2	152/386	900	0.7
A	20/50.8	124/316	500	1.0
E	13/33.0	100/254	340	1.2
D	7/17.8	73.6/187	200	1.5
C	3/7.62	48.1/122	100	2.0

测试板通过螺栓固定在跌落台上，跌落台从一定高度自由落下，根据能量守恒定律，其重力势能转化为动能，然后跌落台与刚性基座平面撞击，产生撞击加速度脉冲，撞击后，冲击力通过螺栓传递给 PCB、焊点以及其他各封装组件，与此同时，PCB 的内力使得其弯曲，在焊点中产生应力应变。

假设 PCB 从 H 高度落下，由能量守恒定律可得

$$v_b = \sqrt{2gH} \tag{3.4}$$

其中，v_b 是碰撞瞬间前跌落块的速度，g 为重力加速度（$g = 9.81 \text{ m/s}^2$），H 为跌落高度。

设碰撞后跌落块的反弹速度为 v_a，v_a 介于 0（没有反弹碰撞）与 $-v_b$（完全反弹碰撞）之间，假设 v_a 是 v_b 的一部分，且 $v_a = cv_b$，根据冲量定律，有

$$-mcv_b - mv_b = -\int_0^T mG(t)\mathrm{d}t \tag{3.5}$$

$$v_b = \frac{1}{1+c}\int_0^T G(t)\mathrm{d}t \tag{3.6}$$

式中，c 是反弹系数，它介于 0（完全塑性碰撞）与 1（完全弹性碰撞）之间，$G(t)$ 是碰撞 t 时刻的跌落台的加速度，$G(t) = G_m \sin\dfrac{\pi}{T}t$，$G_m$ 是加速度幅值，T 是脉冲时间，m 是跌落块的总质量。

将式（3.6）代入式（3.4）得

$$A = \int_0^T G(t)\mathrm{d}t = (1+c)\sqrt{2gH} \tag{3.7}$$

其中，A 是半正弦曲线下面的面积，由式（3.7）得

$$H = \frac{A^2}{2g(1+c)^2} \tag{3.8}$$

图 3.6 是 JEDEC 标准中加速度幅值为 1500g、脉冲时间为 0.5 ms 时的加速度脉冲载荷曲线。

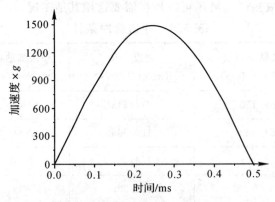

图 3.6　半正弦冲击载荷曲线

由高等数学积分知识可知，$A = \dfrac{2G_m T}{\pi}$，将这些已知条件代入式（3.8）得 $H = \dfrac{1.125g}{\pi^2(1+c)^2}$，又 $0 \leqslant c \leqslant 1$，所以 $0.28 \leqslant H \leqslant 1.19$。根据 JEDEC 标准，$G_m$ 的误差需控制在 $\pm 5\%$ 以内，脉冲时间 T 需控制在 $\pm 1\%$ 以内，由于导轨处存在摩擦，所以实际跌落高度还需要根据具体跌落台进行调节。

3.2.3　热、湿应力的试验装置

热、湿应力的加载装置主要为温度箱和湿度箱，很多研究单位为了便于统一研究，往往选取具有集成功能的温湿度箱进行试验。温湿度箱主要为科研及生产单位提供温湿度变化环境，模拟试品在温湿度变化环境条件下加载模拟振动的适应性试验及对电子元器件的安全性测试提供可靠性试验、产品筛选等。温湿度箱的设计和制造应满足《GB/T 10586 — 2006 湿热试验箱技术条件》、《GB/T 10589 — 2008 低温试验箱技术条件》、《GB/T 10592 — 2008 高低温试验箱技术条件》、《GB/T 11158 — 2008 高温试验箱技术条件》等国家标准的制造要求。

温湿度箱的核心部件包括制冷压缩机、电加热器、加湿器等。中央控制系统根据所采集到的箱内温度信号和湿度信号，进行放大、模/数转换、非线性校正后与温度的设定值（目标值）进行比较，得出的偏差信号经 PID 运算，输出调节信号自动控制加热器的输出功率大小，综合试验箱环境情况（如温度、湿度）及试验箱内的试品工况，实现自动开启或关闭相应工作单元（如压缩机或电加热、加湿器等），使试验箱内的加热量与热散失量和吸热量达到一种动态平衡，最终达到恒温的目的，从而实现各种温、湿度的精确控制。

温度平衡技术的发展多种多样，现在市面上的温度箱多采用"静平衡"技术即"制冷过程不制热"和"制热过程不制冷"的平衡方式，它有别于大功率制冷对抗大功率加热"冷热动平衡"的传统技术，中央控制器根据不同的温度控制点设备本身和试品所需冷量的多少，通过调节制冷剂流量的大小来控制制冷能量大小，进而控制温度，无需加热去平衡制冷（即"静平衡"技术），就可保证设备取得很好的控制精度和均匀度（比传统的冷热动平衡技术性能提高 20%～40%），而且使设备运行始终处于相对低功耗状态，比传统的冷热动平衡技术节能 25%左右，既能适应节能环保的社会要求，同时能降低使用成本。

温湿度箱主要由温湿度箱内腔、控制模块、加热装置、制冷压缩机、功率放大装置等部分构成。其中，温湿度箱内腔是试验箱用于模拟温湿度环境的腔体，也是试件实际的试验环境，内壁由不锈钢材料构成，开门缝隙处由橡胶材料进行黏合处理，以保证整个腔体的密闭性，开门中部设计有观察窗，以方便观察实际的试验环境和试件工况，如图 3.7 所示。

图 3.7　温湿度箱内腔

控制模块采用两路输入、两路输出的控制方式,分别控制温度和湿度,可显示、设定试验参数、程序曲线、工作时间,显示加热器、制冷机组、风机的工作状态;同时具有试验程序自动运行及 PID 参数自整定功能;可自动组合加热系统、加湿/除湿系统、制冷系统、循环风机、超温报警等子系统工作,从而保证整个温湿度控制系统的高控制品质。温湿度控制模块如图 3.8 所示。

图 3.8 温湿度箱控制模块

温湿度箱加热装置采用优质镍铬合金电热丝式加热器,进行 PID 调节,执行元件为固态继电器,使空气强制循环,静平衡调温。采用多台离心式风机,长轴外置电机驱动,风速变频可调。加热器安装在风道风板内,对工作室内试品不直接辐射,如图 3.9 所示。

图 3.9 温湿度箱加热装置

温湿度箱复叠式制冷压缩机组由两台半封闭式压缩机组成。主要部件包括电磁阀、手动截止阀、过滤器、压力传感器、膨胀阀、高效冷凝蒸发器、油分离器等,如图 3.10 所示。

温湿度箱功率放大装置主要通过电气元件对控制信号进行调制、放大,执行温湿度目标指令,控制设备的运行,如图 3.11 所示。

图 3.10 温湿度箱复叠式制冷压缩机组

图 3.11 温湿度箱功率放大装置

温湿度箱的整体外形为方形机柜，其中左侧为温湿度箱的工作腔体，右侧机柜集成了功率部件和控制部件，温湿度箱的控制部件集成在箱体的最上层，如图 3.12 所示。

图 3.12　温湿度箱整体外形

　　温湿度箱的主要技术参数需根据试验的具体需求确定，主要的技术指标为温湿度的变化范围及变化速率。以某公司的 THV402-5 型快速温湿度箱为例，其主要技术参数为：温度可调范围为 $-60 \sim +150℃$，湿度可调范围为 $20\%RH \sim 98\%RH$，空载情况下的全程平均温变速率大于 $5℃/min$，具体参数如表 3.5 所示。

表 3.5　THV402-5 型快速温湿度箱技术参数

工作室尺寸(深×宽×高)	550 mm×600 mm×700 mm，容积约 235 L
外形尺寸(约)(深×宽×高)	1300 mm×2200 mm×(1080+振动台高度)mm
温度范围	$-60 \sim +150℃$，温度可调
温度波动度	$\leqslant \pm 0.5℃$(空载、恒定状态时)
温度均匀度	$\leqslant 2℃$(空载、恒定状态时)
温度偏差	$\leqslant \pm 2℃$(空载、恒定状态时)
升温速率	$-40 \sim +85℃$下，不小于 $5℃/min$ 全程平均(空载)
降温速率	$+85 \sim -40℃$下，不小于 $5℃/min$ 全程平均(空载)
湿度范围	$20\%RH \sim 98\%RH$
湿度偏差	$+2\% \sim -3\%(>75\%RH)$，$\pm 5\%(\leqslant 75\%RH)$

THV402 - 5 型快速温湿度箱在试验过程中所依据的相关标准如表 3.6 所示（包括国标和国军标）。

表 3.6 THV402 - 5 型快速温湿度箱试验过程满足的相关标准

标　准	试验过程
GB/T 2423.1 — 2008	低温试验方法
GB/T 2423.2 — 2008	高温试验方法
GB/T 2423.3 — 2008	恒定湿热试验
GB/T 2423.4 — 2008	交变湿热试验
GJB 150.3A — 2009	高温试验
GJB 150.4A — 2009	低温试验
GJB 150.9A — 2009	湿热试验

THV402 - 5 型快速温湿度箱的湿度在一定范围内可随温度进行匹配控制，图 3.13 为其温湿度图谱。

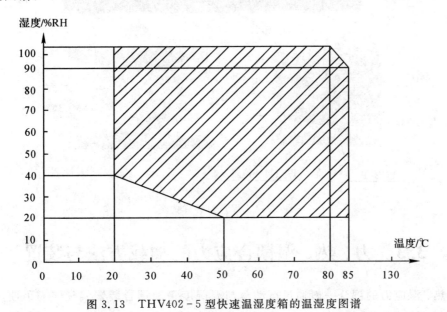

图 3.13 THV402 - 5 型快速温湿度箱的温湿度图谱

3.2.4 电应力的试验装置

焊点中电流密度的剧增会造成严重的电迁移现象。大量研究表明，电迁移会导致焊点中产生微空洞、晶须、IMC 粗化以及极性生长等一系列问题，从而使焊点的电学和力学性能恶化并最终导致焊点的失效，电迁移已被认为是影响焊点可靠性的主要因素之一。简单而言，电迁移是由电流或电子流驱动的导体中的原子迁移现象，电流密度的大小和分布直接影响着电迁移行为。

　　焊点的电应力可靠性实验一般通过制备单焊点试验件，然后根据焊点的具体形状与尺寸加载不同数值的直流电压，从而实现不同级别的直流电流密度。例如，设计单焊点封装试件如图 3.14 所示。电路板选择长度、宽度、厚度为 180 mm、90 mm、0.7 mm 的 PCB，标记为 PCB - A。选择 20 mm×20 mm×0.7 mm 的 PCB 作为基板，标记为 PCB - B。焊点用来实现两个 PCB 的机械固定及电气连接，用以模拟真实环境下 PCB 和电子元件的装配效果。PCB - A 以及 PCB - B 上均有焊盘，焊点封装在两个铜焊盘之间。在 PCB - A、PCB - B 上各设置三个位置相对应的焊盘，用以确定焊点的位置，同时起到对 PCB - B 稳固支撑的作用，防止两个 PCB 之间由于不平行导致施加在焊点上的应力方向存在偏差。此外，PCB 上通孔的设置为焊点电信号的监测提供了导线接口。

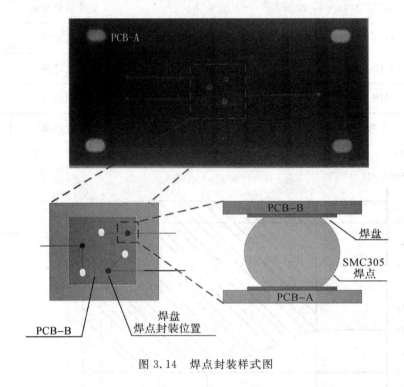

图 3.14　焊点封装样式图

3.3　力、热、湿耦合应力的加载方法与装置

　　力、热、湿应力的耦合一般通过振动台与温湿度箱的耦合装置实现。为了使试验件同时处于振动环境与温湿度环境之中，需要将振动台与温湿度箱进行耦合匹配。耦合匹配的方式包括垂直耦合、水平耦合、立体耦合等。本章结合具体实例，从外形及尺寸匹配、过渡轴与软膜联接两个方面介绍振动台与温湿度箱的垂直耦合匹配方法。

　　设计振动台与温湿度箱的垂直耦合装配，使振动台的台体部分位于温湿度箱的腔体之下，并将过渡轴固定于振动台的动圈之上，使过渡轴探入腔体内部，并通过软膜联接对过渡轴与动圈之间进行密封，确保腔体环境的密闭性，如图 3.15 所示。

图 3.15　整体耦合装配实物图

3.3.1　外形及尺寸匹配

振动台与温湿度箱进行垂直方向上的耦合装配时的外形及尺寸的设计思路为：将振动台的台体部分置于温湿度箱的内腔下方，使振动台的动圈高度与温湿度箱的内腔下壁在一定范围内平齐，同时在温湿度箱的内腔下壁打圆孔，圆孔直径应大于振动台的动圈直径。同时，保证振动台的台体尺寸小于温湿度箱的腔体宽度，即保证可将振动台的台体部分完全置于温湿度箱的腔体下方，从而实现振动台和温湿度箱的垂直联结。

振动台的台体部分由方形支座和圆柱形台体构成，动圈位于台体的最上方。其中方形支座的长度为 826 mm，宽度为 618 mm，高度为 560 mm，台体的直径为 530 mm，动圈的高度为 720 mm，动圈直径为 240 mm，如图 3.16 所示。

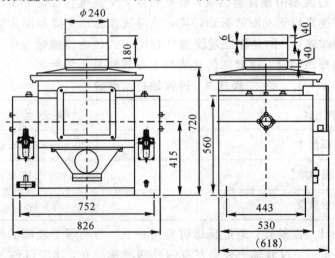

图 3.16　振动台的台体外形及尺寸（单位：mm）

温湿度箱的外侧宽度为 940 mm，内侧宽度为 826 mm，高度为 750 mm，内腔下壁的孔洞直径为 360 mm，厚度为 50 mm。根据图 3.17 中的外形及尺寸，振动台可通过内腔下壁的孔洞与内腔连通。

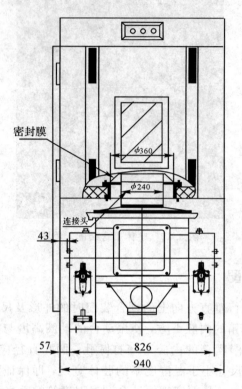

图 3.17　温湿度箱的外形及尺寸（单位：mm）

3.3.2　过渡轴及软膜联接

参照图 3.15，过渡轴由镁合金制成，重量约 6 kg，高度为 180 mm，直径为 240 mm。过渡轴主要用于传递来自于动圈的振动环境，并对试件起到支撑和固定的作用。过渡轴的外侧面切削有两圈纹路，目的是保证过渡轴具有良好的加速传递性，并在一定的频率范围内具有优良的振动模态响应。过渡轴的具体技术参数如表 3.7 所示。

表 3.7　过渡轴技术参数

材　料	镁　合　金
台面尺寸	180 mm×240 mm
上限频率	2000 Hz
等效质量	约 6 kg

过渡轴外侧设计一圈通孔，通过长螺钉穿过通孔，与动圈上表面的固定孔联接，实现对过渡轴的固定。同时，过渡轴上表面布有内外两层螺纹孔，用于试件及夹持装置的支撑和固定，如图 3.18 所示。

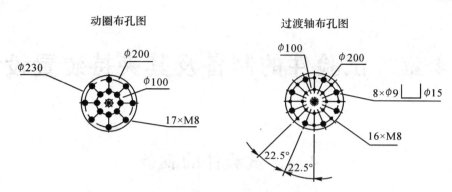

图 3.18　动圈与过渡轴布孔设计

过渡轴孔为由高强度耐高低温、潮湿的压铸尼龙加工而成的通孔(并配有固定装置),主要起定位、密封、隔热作用,位于试验箱内底部预先设置的圆孔周边,并配有一联接孔帽。当试验箱与振动台体需分开做不同试验时,可将联接件从振动台体上取下,将连接孔帽盖在工作室内底部轴孔上,旋紧即可达到良好的密封效果。软膜联接为专用模具生产的硅橡胶密封圈,具有高柔软性、高密封性、高绝热性,并能长期耐高低温、潮湿。其作用主要是加强密封,保证试验箱内的热量(湿气)不散失,并可有效防止凝露水滴至振动台上引起振动台损坏,如图 3.19 所示。

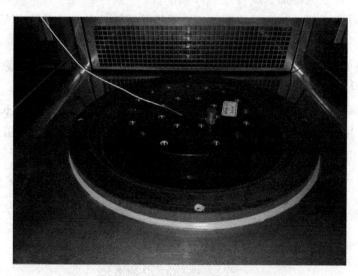

图 3.19　过渡轴孔与软膜联接

垂直耦合的装配方法为:振动台固定不动,试验箱设置有可移动脚轮(手动移动)或移动万向脚轮,通过试验箱的前后移动与振动台的垂直台连接配合。

第 4 章 试验件的制备及其夹持装置设计

4.1 试验件的制备

试验件是焊点环境应力中应力施加的对象,同时也是焊点的载体,一般为某一特定的 PCB 与芯片焊接而成,芯片与 PCB 之间的焊点即为试验研究对象。因此,试验过程中的 PCB 与芯片均需要符合相应的材料与尺寸要求,同时试验件的焊接工艺需进行严格的把控,以保证试验件的焊接质量和焊球的品质。

PCB 主要用于芯片的机械安装与电气连接,同时 PCB 通过夹持装置的固定完成振动与温湿度试验。因此,用于耦合试验的 PCB 应具有以下特点和功能:

(1) 能够很好地固定于夹持装置之上,避免松动、晃动甚至掉落。

(2) 能够较大程度地将加速度传递给焊点部位。

(3) PCB 设计为单层,并尽量控制厚度,便于从背面监测应力应变信号。

(4) 耐高温、高湿,具有很好的抗腐蚀性能。

(5) 根据不同的芯片类型和检测功能,设计不同的 PCB 布线方式。

本章分别以 QFP 芯片和 BGA 芯片为例,介绍两种 PCB 的设计实例。

参考 JESD22 - B113A 标准,设计 A 型 PCB 用于安装 QFP 型芯片,长 180 mm,宽为 90 mm,QFP 芯片焊盘置于 PCB 中央。芯片四周设计通孔,将所有管脚引出,用于监测管脚的电压信号。PCB 四角设计有圆形安装孔,直径为 8 mm,如图 4.1 所示。对应的 A 型 PCB 实物图如图 4.2 所示。

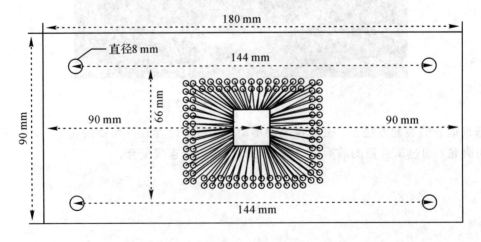

图 4.1 A 型 PCB 形状与尺寸图

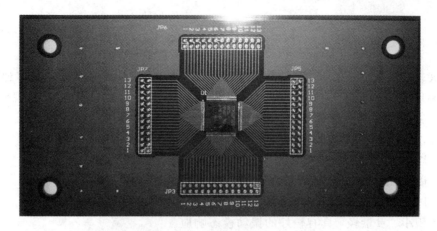

图 4.2　A 型 PCB 实物图

B 型 PCB 用于安装 BGA 型芯片，设计为长方形，长 180 mm，宽为 90 mm，设计一排共计四个 BGA 芯片焊盘置于 PCB 中央。PCB 四角设计有类椭圆形安装孔，中间宽度为 8 mm，两侧半圆直径为 8 mm，如图 4.3 所示。对应的 B 型 PCB 实物图如图 4.4 所示。

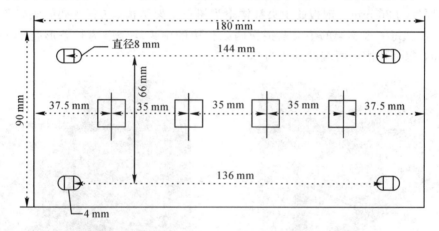

图 4.3　B 型 PCB 形状与尺寸图

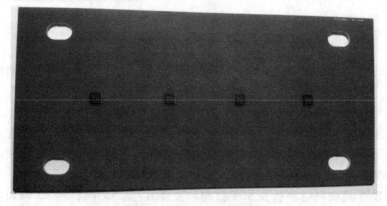

图 4.4　B 型 PCB 实物图

4.2　夹持装置

设计夹持装置是为了在环境试验中将振动台所施加的载荷尽量不失真地传递给试验样件。美国桑地亚公司根据 MIL - 810B 中的相关要求，制定了振动夹具的设计规范，但我国还没有关于夹具制作的具体标准。根据环境试验需求，该夹具应满足以下要求：

（1）可以实现对不同尺寸、形状的 PCB 的悬空夹持与固定。

（2）可以实现对电路板的四角固支、单边固支等多种固支方式。

（3）可以实现对电路板多角度、多姿态的夹持与固定。

（4）可以同时实现多个电路板的夹持与固定，便于试验过程中的对比分析。

（5）体积小、重量轻，具有较好的振动模态响应。

下面结合实例，从外形设计和模态分析两个方面对夹持装置的设计进行介绍。

4.2.1　外形设计

夹持装置由一块长方形钢板切削而成，如图 4.5 所示。其中钢板长为 230 mm，宽为 130 mm，厚度为 20 mm。钢板的中央被镂空为树形支架结构，三根支架的倾斜角度分别为 30°、45°、90°。每一根支架的中央及钢板两条长边的中央均镂空为长条形孔槽，孔槽的宽度为 8 mm，每个孔槽到两端的距离为 20 mm。

（a）夹具设计图　　　　　　　　　　　　（b）夹具实物图

图 4.5　夹持装置外形图

夹持装置的底部可通过螺钉穿过孔槽固定于过渡轴的螺孔内，由于孔槽的设计长度具有一定的裕度，因此可以选择过渡轴上表面的任意几个螺孔将夹具固定在任意位置。

对于不同尺寸的电路板，只需一个夹持装置即可实现对电路板的单边固支。若要实现对电路板的四角固支，则需要两个夹持装置配合使用，即将两个夹持装置平行放置，并根据电路板的长度、宽度和螺孔的位置调整两个夹持装置之间的距离，然后采用螺钉和螺母将电路板的四个角固定在夹具的孔槽内。夹持装置装配图如图 4.6 所示。

该夹持装置可实现对电路板在水平方向、竖直方向、45°倾斜和 30°倾斜方向上的夹持与固定，便于试验过程中分析不同方向的振动加载对焊点可靠性的影响。该夹持装置可同时实现对五个电路板的夹持和固定，如图 4.7 所示。

图 4.6　夹持装置装配图

图 4.7　多电路板、多姿态夹持

4.2.2　模态分析

夹持装置实现由振动部件(过渡轴)到试验件(电路板)之间的振动(加速度)传递,由于振动台的振动方向为竖直方向,因此,必须保证夹持装置在竖直方向上有很好的动态响应。即在一定的频率范围内,夹持装置可以很好地实现振动与加速度的传递,不会因为自身的共振效应破坏振动台本身的振动节奏,从而保证振动试验的顺利进行。

利用有限元仿真软件对单个夹持装置进行振动模态分析,振动模态分析过程当中,对夹持装置施加的固定方式为底边固定。图 4.8~图 4.12 为夹持装置在振动模态分析后的结果。为了便于观察,在图中对夹持装置的形变量进行了 100 倍的放大。

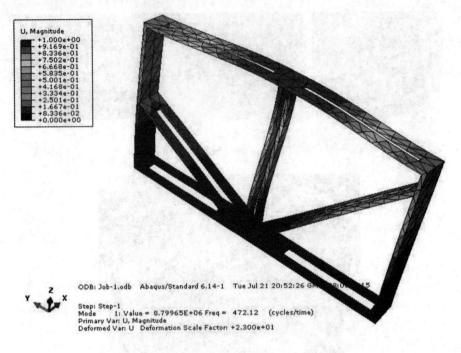

图 4.8　夹持装置的 1 阶频率响应形变图

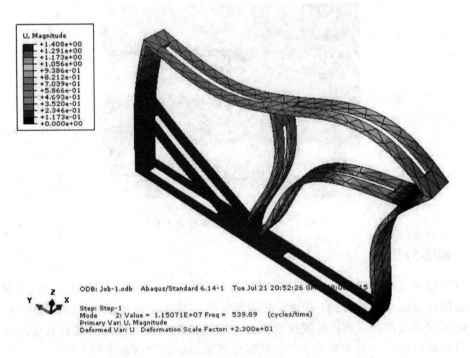

图 4.9　夹持装置的 2 阶频率响应形变图

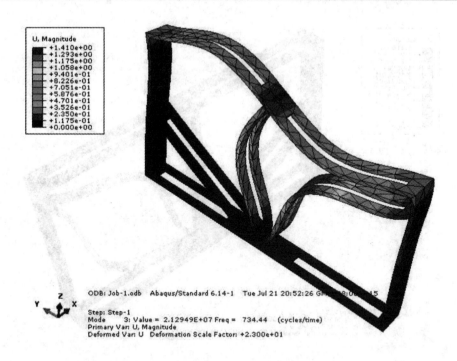

图 4.10　夹持装置的 3 阶频率响应形变图

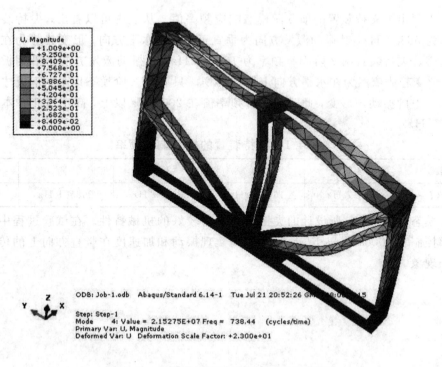

图 4.11　夹持装置的 4 阶频率响应形变图

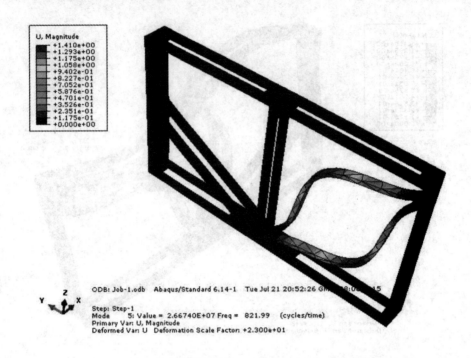

图 4.12　夹持装置的 5 阶频率响应形变图

　　表 4.1 列出了夹持装置的前 5 阶模态响应频率值。从表中可以看出，夹持装置的 1 阶固有频率为 563.7 Hz，其振动激发方向为垂直于钢板的水平方向，形变趋势为在水平方向上循环摇摆。夹持装置的 2 阶固有频率为 1662.6 Hz，其振动激发方向为沿钢板长度的水平方向，形变趋势依然为在水平方向上循环摇摆。只有在 3 阶模态以上，钢板才会被激发出竖直方向上的振动与形变，此时的固有频率值在 2000 Hz 以上，高于过渡轴本身的固有频率（2000 Hz）。

表 4.1　夹持装置的模态响应频率

阶数	1 阶	2 阶	3 阶	4 阶	5 阶
频率值	563.7 Hz	1662.6 Hz	2354.9 Hz	2985.1 Hz	3683.6 Hz

　　通过模态分析表明，所设计的夹持装置具有较好的机械特性。在试验过程中，只需将振动频率控制在 2000 Hz 以下，就能很好地实现振动和加速度在竖直方向上的传递，不会产生共振现象。

第 5 章　焊点失效过程监测与后期处理

5.1　传 感 器 布 局

在试验过程中，确定需要采集的信号位置与信号类型，并选取合适的传感器型号完成对信号的感知。环境试验所涉及的信号采集类型主要有五种：温度信号、湿度信号、焊点电压信号、加速度信号以及应力应变信号。应依据不同的信号类型与实际的试验工况，完成各种传感器的选型与布局。

各个传感器均分布在温湿度箱的腔体内部，如图 5.1 所示。

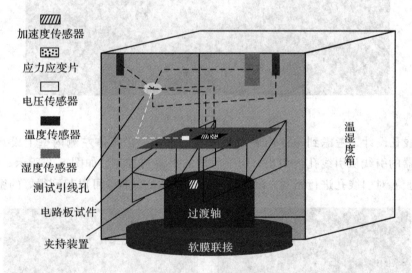

图 5.1　传感器整体布局

传感器的主要测量模块包括：

（1）加速度计。加速度计用于测量加速度信号。加速度计一般分为两种：一种为控制用加速度计，安装于过渡轴的上表面，用于反馈振动台的加速度信号，便于实现闭环的振动控制；另一种为监测用加速度计，安装于芯片附近，用于实时监测焊点处被加载的振动响应。

（2）应变片。应变片用于测量应力应变信号。为了尽量精确地测量焊点处的应力应变值，可以将应变片的贴装位置设计在与芯片相对应的 PCB 背面，由于 PCB 为单层，厚度很小，因此可以近似测量焊点处的应力应变信号。

（3）焊点电压测量。焊点电压测量的目的在于实时地监测焊点随环境变化时的电阻值，该信号通过 PCB 上设计的焊点引线及通孔进行测量。

（4）温湿度测量。温湿度测量的目的在于实时地监测箱体内腔的温度与湿度变化，便于进行控制和后期分析。为了准确地测量箱体内腔环境的温湿度，将温度与湿度传感器安装于箱体内腔的上方角落处。

　　考虑到箱体内腔温度不均匀的影响，设计两个温度传感器，分别位于箱体内腔的左上角和右上角，如图 5.2 所示。将两个温度传感器测得的温度值进行加权平均，用于最终的控制和环境温度记录。

图 5.2　温湿度传感器布局

　　（5）引线孔设计。考虑到箱体内腔对密闭性的要求，在箱体左侧内壁上设计引线通孔，将所有传感器的引线从引线孔内引出，用于后期的采集与控制，如图 5.3 所示。在箱体外侧采用软性橡胶塞对引线孔进行密封，该橡胶塞具有较强的弹性，可以起到很好的密封作用。

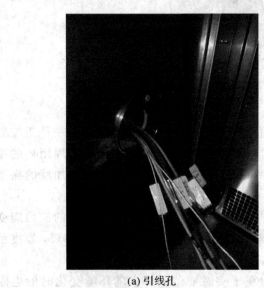

(a) 引线孔　　　　　　　　　　　　　　(b) 橡胶塞

图 5.3　引线孔及橡胶塞

　　图 5.4 为传感器及引线的布局实例。其中,将电路板按照芯片朝下的方式进行固定,将加速度计和应变片安装于电路板上侧。

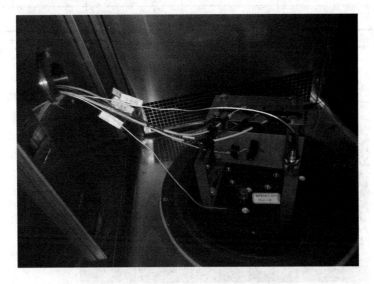

图 5.4　传感器及引线的布局实例

5.2　数据采集装置

　　数据采集装置用于采集和处理传感器的实时信号。从传感器的类型看,电压传感器、温度传感器、湿度传感器以及加速度计都为 IEPE 型传感器,其传感器输出为经过调制的电压信号。而应变片输出的信号为各桥路的电荷信号。因此在进行数据采集时,应对不同数据类型的信号进行区别处理。

　　图 5.5 为 MI-7016 型 16 通道数据采集系统原理框图,其中 8 通道为电压通道,8 通道为应力应变通道。电压通道用于采集 IEPE 型传感器的输出信号,应变片各桥路输出的电荷信号通过桥盒和应变放大器进行调制和放大,将其转变为电压信号,然后通过数据采集仪进行采集。

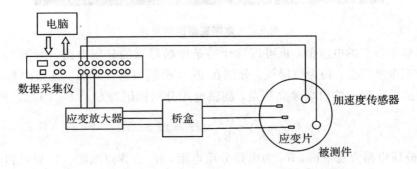

图 5.5　数据采集系统原理框图

　　表 5.1 为 MI-7016 型数据采集仪的主要技术参数,其通道数为 16,采样频率为 192 kHz。

表 5.1　MI－7016 型数据采集仪技术参数

通道数	通道位数	通道精度	动态范围	接口规范	采样频率
16	24 位 ADC 与 DAC 转换	0.001%	110 dB	BNC 接口	192 kHz

图 5.6、图 5.7 分别为该数据采集仪的硬件实物图和数据监测操作界面。

图 5.6　MI－7016 数据采集仪硬件实物图

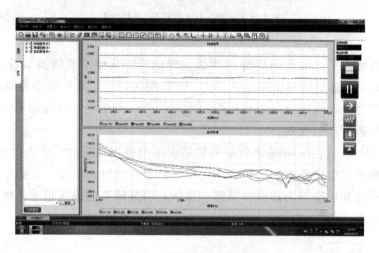

图 5.7　数据监测操作界面

为监测单个焊点的电压值，也可以设计一条串联焊点的分压电路，如图 5.8 所示。试件中封装有三个单焊点，均为单层板，分别在 PCB 覆铜层铺设导线，连接焊盘和通孔。在三个单焊点的输入端和输出端建立测点，测试电压分别标记为 U_{r1}、U_{r2}、U_{r3}，其表达式为

$$U_{ri} = \frac{U \times R_i}{R_i + R_d} \quad (i = 1, 2, 3) \tag{5.1}$$

其中，U 为分压电路直流电源，R_d 为电路分压电阻，R_i 为焊点电阻。将焊点和电阻元件串联在一起，从而实现对单焊点电压的监测。根据监测电路原理，当焊点完好时，电阻值约为 0，监测电压值趋于 0；焊点逐渐出现损伤时，焊点内部试件导电面积减小，电阻增大，监测电压值也逐渐变大。通过对焊点电压的监测，可判断焊点裂纹是否开裂。试验前，为

消除系统噪声对电信号监测的影响，在不接通电源的情况下对电路板焊点电信号进行采集，从而对电路的噪声信号进行补偿消除。

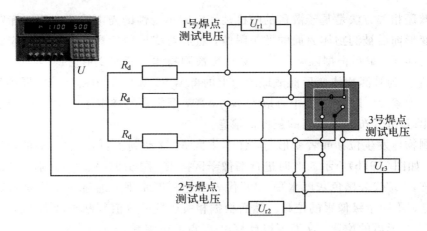

图 5.8　电信号监测电路图

5.3　三维数字散斑动态应变测量装置

分析焊点失效机理的前提是获取能够准确表征焊点失效过程的信息。当焊点完全断裂时，焊点无法完成芯片与电路板之间的电信号传递，此时焊点的阻值是无限大，因此可以将焊点阻值作为表征焊点完全失效的信号。但是，当裂纹处于初始萌生阶段时，焊点中虽然有微小裂纹产生，但并不影响焊点的电气连接功能，此时基本监测不到焊点的电阻值变化，只有当焊点内部裂纹扩展到一定程度时，其阻值才会有所增大。同时，焊点内部裂纹的生长不仅会引起焊点阻值的变化，还可能产生寄生电容和电感，这会导致经过焊点的电信号发生畸变，使监测数据不准确，难以反映焊点的失效过程。因此，仅仅依靠电参数为损伤标尺来研究焊点的疲劳失效机理是不能满足要求的。

前期经过大量的试验性研究，发现与焊点连接在一起的 PCB 背侧对应部位的动态应变响应信号包含了焊点的故障信息，但由于焊点体积微小，与之对应的 PCB 背侧区域也只有几平方毫米，因此不易通过传统的应变测量手段监测其动态响应。

另外值得注意的是，整个板级封装的质量本身较轻，比如 A 型电路板质量仅为 18.5 g，应尽量避免将过多的传感器直接贴装在 PCB 上，否则会给电路板带来较大的附加质量，从而影响板级封装的模态振型与模态频率。因此，可采用非接触式的数字散斑应变测量方法获取焊点失效过程信息。

5.3.1　三维数字散斑动态应变测量装置原理

三维数字散斑动态应变测量装置是一种基于数字散斑相关方法（Digital Speckle Correlation Method，DSCM）和计算机双目立体视觉原理的光测力学变形系统。

该系统首先通过两个高速 CCD 相机实时采集被测物体表面的散斑图像；然后利用数字散斑相关的方法，通过立体匹配被测物体表面变形前后的散斑图像，动态跟踪该表面上几何点的运动，进而重构出匹配点的三维位移场；最后通过计算得到被测物体的三维应变场。

下面对数字散斑相关方法和计算机双目立体视觉原理进行简要分析。

1. 数字散斑相关方法(DSCM)

数字散斑相关方法是基于散斑的随机性和空间不变性的光电检测方法。首先通过 CCD 相机获取变形前后被测物体表面的散斑图像，然后对变形前后数字图像中对应的图像子区进行搜索与匹配，最后根据匹配结果计算得出被测物体表面的变形信息。

假设 A 点为被测物体变形前散斑图像上的待测点，如图 5.9(a)所示。图中每个小正方形代表一个像素点。以 A 点为中心取大小为 $u \times u$ 个像素的样本子区 M，则子区 M 就记录了 A 点周围随机分布的散斑点的灰度值信息。

当被测物体发生位移或者变形时，样本子区 M 移动到了目标子区 N 的位置，散斑点一一对应，如图 5.9(b)所示。此时进行图像子区搜索，图 5.9(c)、(d)分别为变形前后的数字图像矩阵，"1"代表黑色灰度水平，"0"代表白色灰度水平。通过对整像素和亚像素的搜索，可以得到不同量级像素的位移。然后根据相关函数的峰值判断子区 N 的位置，其中心点即为 A 点变形后的位置，从而可以计算出 A 点的位移量。

如果用 CCD 摄像系统记录被测物体变形前后的整体图像，则通过计算图像的匹配程度，即可得出被测物体表面的全局应变场情况。

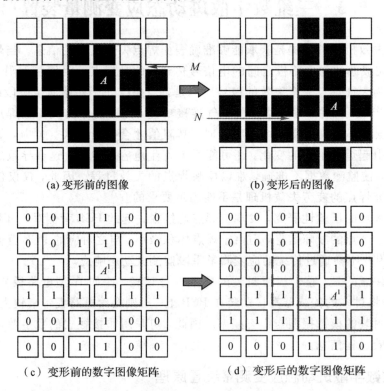

(a) 变形前的图像　　　　　　　　　(b) 变形后的图像

(c) 变形前的数字图像矩阵　　　　　(d) 变形后的数字图像矩阵

图 5.9　数字散斑相关方法原理图

2. 计算机双目立体视觉原理

双目视觉三维测量是基于立体视差的原理，通过空间点在两台 CCD 相机像面上的成像点坐标计算空间点的三维坐标，如图 5.10 所示。假设两台相机水平放置，CCD1 与 CCD2 代表左右两台相机的图像平面，坐标系分别为 $O_1 X_1 Y_1$ 与 $O_2 X_2 Y_2$。$O_1 o_1$、$O_2 o_2$ 分别为左右两台相机的光轴，$o_1 o_2$ 为连接两个透镜中心的基线 B。空间点 P 通过透镜在左右两个图像平面上分别成像，对应的像点坐标为 $P_1(x_1, y_1)$ 和 $P_2(x_2, y_2)$。

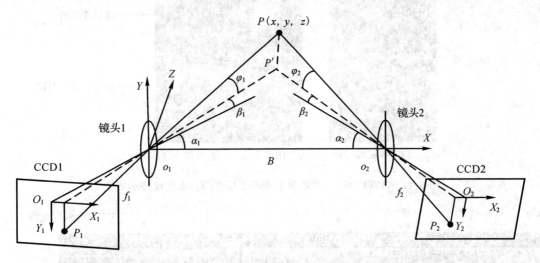

图 5.10　双目视觉测量系统模型

现以 $o_1 XYZ$ 为系统测量坐标系，设空间点 P 的坐标为 (x, y, z)，两条光轴与基线的夹角分别为 α_1、α_2，空间点 P 的水平投影角分别为 β_1、β_2，垂直投影角分别为 φ_1、φ_2，P' 为 P 在水平面的投影点。根据图 5.10 中的几何关系，在三角形 $o_1 o_2 P'$ 中有以下关系成立：

$$x = z \cot\phi_1 \tag{5.2}$$
$$B = z(\cot\phi_1 + \cot\phi_2) \tag{5.3}$$

其中，$\phi_1 = \alpha_1 + \beta_1$，$\phi_2 = \alpha_2 + \beta_2$。而在三角形 $PP'o_1$ 中，$\tan\varphi_1 = \dfrac{y \sin\phi_1}{z}$。因此，由式(5.2)与式(5.3)可计算空间点 P 的三维坐标为

$$\begin{cases} x = \dfrac{B \cot\phi_1}{\cot\phi_1 + \cot\phi_2} \\[3mm] y = \dfrac{z \tan\varphi_1}{\sin\phi_1} \\[3mm] z = \dfrac{B}{\cot\phi_1 + \cot\phi_2} \end{cases} \tag{5.4}$$

式中，$\tan\varphi_1 = \dfrac{y_1 \cos\beta_1}{f_1}$，$\tan\varphi_2 = \dfrac{y_2 \cos\beta_2}{f_2}$，$\beta_1 = \arctan\left(\dfrac{x_1}{f_1}\right)$，$\beta_2 = \arctan\left(\dfrac{x_2}{f_2}\right)$。

5.3.2　系统组成

三维数字散斑动态应变测量系统由硬件与软件两部分组成。其中硬件部分包括两个 CCD 相机、光源、移动支撑架、图像采集控制箱和计算机等。两个 CCD 相机将拍摄的被测物体散斑图像传输到采集控制箱，其中的图像采集卡与计算机相连，将图像信号存储在计算机中以备处理。软件部分包括双目立体成像标定模块、图像采集与模拟模块、应变场计算模块等。图 5.11 和图 5.12 分别给出了 XJTUDIC 三维数字散斑动态应变测量系统的部分硬、软件示意图。

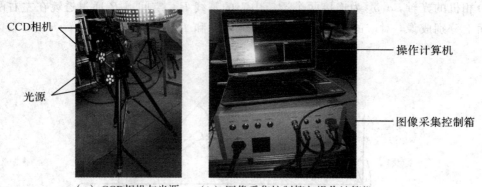

（a）CCD相机与光源　　（b）图像采集控制箱与操作计算机

图 5.11　XJTUDIC 三维数字散斑动态应变测量系统硬件示意图

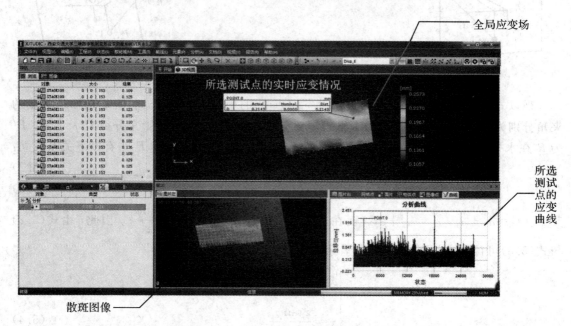

图 5.12　XJTUDIC 三维数字散斑动态应变测量系统软件分析界面

5.3.3　测量步骤

采用三维数字散斑动态应变测量系统测量与焊点对应的电路板背侧区域的应变场步骤如下：

（1）以 A 型电路板为例，将被测 PCB 背侧喷涂成散斑图案。这里使用白色为基色，随后喷洒大小不一的黑色斑点，形成上万个虚拟应变片，如图 5.13 所示。涂料不会对电路板的材料与性能产生任何影响。

（2）打开光源，利用标定板测定并校准相机的内在参数（径向与横向畸变等）与外部参数（相机位置）及 PCB 的坐标系统。

（3）启动试验，同时开启 CCD 相机采集并记录图像，利用 DSCM 方法，重构 PCB 背侧表面的三维立体图像。

（a）PCB正面

（b）PCB背面

图 5.13　喷涂散斑后的 PCB

（4）利用计算机双目立体视觉原理，确定 PCB 背侧表面任意点的三维坐标，通过连续追踪形变过程中图像的灰度信息，自动测量 PCB 表面各点的位移与形变，并计算得到其应变场。

5.4　试验件的后期处理与观察

除了在试验过程中实时地采集有用信号进行分析以外，试验件的后期处理与观察也相当重要。试验件的后期处理与观察主要分为有损检测和无损检测两类。

焊点的有损检测主要是指对焊点进行切片、打磨、镶样等后期处理，借助光学显微镜、电子显微镜等先进设备，对焊点切面的微观组织结构进行观察分析，以便于详细了解焊点的失效模式、失效特点、失效位置及失效程度等。有损检测的特点是精度高、结论确凿，但是由于观察本身已经破坏了焊点结构，故而无法继续进行试验。

无损检测是指在不损害或不影响被检测对象使用性能，不伤害被检测对象内部组织的前提下，利用材料内部结构异常或因缺陷存在而引起的热、声、光、电、磁等反应的变化，以物理或化学方法为手段，借助现代化的技术和设备器材，对试件内部及表面的结构、性质、状态及缺陷的类型、性质、数量、形状、位置、尺寸、分布及其变化进行检查和测试的方法。无损检测的优点是不破坏焊点本身的结构，可以对同一样本进行阶段性的重复观察，从而对焊点的整个失效过程进行把握，但是由于技术特点的限制，无损检测往往无法达到较高的精度要求。下面对几个主要的检测手段进行介绍。

5.4.1　金相显微镜

金相显微镜是将光学显微镜技术、光电转换技术、计算机图像处理技术完美地结合在一起而开发研制成的高科技产品，可以在计算机上方便地观察金相图像，从而对金相图谱进行分析、评级等以及对图片进行输出、打印。金相显微镜由金相显微镜、适配镜、摄像机

（CCD）、A/D（图像采集）、计算机等组成，如图 5.14 所示。

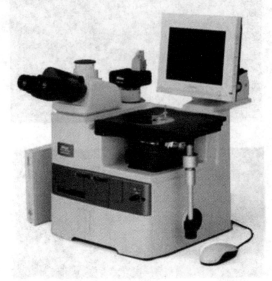

图 5.14　金相显微镜

5.4.2　扫描电子显微镜

　　扫描电子显微镜（Scanning Electron Microscope，SEM）主要是利用二次电子信号成像来观察样品的表面形态，即用极狭窄的电子束去扫描样品，通过电子束与样品的相互作用产生各种效应，其中主要是样品的二次电子发射。SEM 是介于透射电镜和光学显微镜之间的一种微观性貌观察手段，可直接利用样品表面材料的物质性能进行微观成像，如图 5.15 所示。

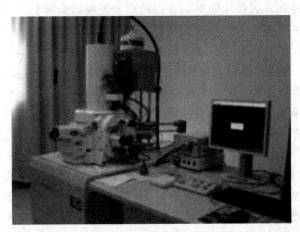

图 5.15　扫描电子显微镜

　　扫描电镜的优点是：

　　（1）有较高的放大倍数，20～20 万倍之间连续可调；

　　（2）有很大的景深，视野大，成像富有立体感，可直接观察各种试样凹凸不平表面的细微结构；

（3）试样制备简单。

目前的扫描电镜都配有 X 射线能谱仪装置，这样可以同时进行显微组织性貌的观察和微区成分分析。

扫描电子显微镜可用多种物理信号对样品进行综合分析，并具有可以直接观察较大试样、放大倍数范围宽和景深大等特点，当材料处于不同的外部条件和化学环境时，扫描电子显微镜在其微观结构分析研究方面同样显示出极大的优势。主要表现为：力学加载下的微观动态（裂纹扩展）研究；加热条件下的晶体合成、气化、聚合反应等研究；晶体生长机理、生长台阶、缺陷与位错的研究；成分的非均匀性、壳芯结构、包裹结构的研究；晶粒相成分在化学环境下差异性的研究等。

5.4.3　无损检测

无损检测（Non Destructive Testing，NDT）也叫无损探伤，是在不损害或不影响被检测对象使用性能的前提下，采用射线、超声、红外、电磁等原理技术并结合仪器对材料、零件、设备进行缺陷、化学、物理参数检测的技术。

无损检测的原理是利用物质的声、光、磁和电等特性，在不损害或不影响被检测对象使用性能的前提下，检测被检对象中是否存在缺陷或不均匀性，给出缺陷大小、位置、性质和数量等信息。与破坏性检测相比，无损检测有以下特点：第一是具有非破坏性，因为它在做检测时不会损害被检测对象的使用性能；第二具有全面性，由于检测是非破坏性，因此必要时可对被检测对象进行 100％的全面检测，这是破坏性检测办不到的；第三具有全程性，破坏性检测一般只适用于对原材料进行检测，如机械工程中普遍采用的拉伸、压缩、弯曲等，破坏性检测都是针对制造用原材料进行的，对于产成品和在用品，除非不准备让其继续服役，否则是不能进行破坏性检测的，而无损检测因不损坏被检测对象的使用性能，所以，它不仅可对制造用原材料、各中间工艺环节直至最终产成品进行全程检测，也可对服役中的设备进行检测。

无损检测方法很多，比如超声波检测（Ultrasonic Testing，UT）、磁粉检测（Magnetic Particle Testing，MT）、声发射（Acoustic Emission，AE）检测、超声波衍射时差法（Time of Flight Diffraction，TOFD）等。在实际应用中比较常见的有以下几种。

1. 超声波检测（UT）

超声波检测的原理是通过超声波与试件相互作用，就反射、透射和散射的波进行研究，对试件进行宏观缺陷检测、几何特性测量、组织结构和力学性能变化的检测和表征，进而对其特定应用性进行评价的技术。

超声波检测的优点：适用于金属、非金属和复合材料等多种试件的无损检测；可对较大厚度范围内的试件内部缺陷进行检测，如对金属材料，可检测厚度为 $1\sim2$ mm 的薄壁管材和板材，也可检测几米长的钢锻件；缺陷定位较准确，对面积型缺陷的检出率较高；灵敏度高，可检测试件内部尺寸很小的缺陷；检测成本低、速度快，设备轻便，对人体及环境无害，现场使用较方便。超声波检测的局限：对具有复杂形状或不规则外形的试件进行超声波检测有困难；缺陷的位置、取向和形状以及材质和晶粒度都对检测结果有一定影响；检测结果无直接见证记录。

2. 磁粉检测(MT)

磁粉检测的原理是铁磁性材料和工件被磁化后,由于不连续性的存在,使工件表面和近表面的磁力线发生局部畸变而产生漏磁场,吸附施加在工件表面的磁粉,形成在合适光照下目视可见的磁痕,从而显示出不连续性的位置、形状和大小。

磁粉探伤的适用性:适用于检测铁磁性材料表面和近表面尺寸很小、间隙极窄(如可检测出长 0.1 mm、宽为微米级的裂纹)、目视难以看出的不连续性;可对原材料、半成品、成品工件和在役的零部件进行检测,还可对板材、型材、管材、棒材、焊接件、铸钢件及锻钢件进行检测;可发现裂纹、夹杂、发纹、白点、折叠、冷隔和疏松等缺陷。磁粉检测的局限性:不能检测奥氏体不锈钢材料和用奥氏体不锈钢焊条焊接的焊缝,也不能检测铜、铝、镁、钛等非磁性材料;对于表面浅的划伤、埋藏较深的孔洞和与工件表面夹角小于 20°的分层和折叠难以发现。

3. 渗透检测(PT)

渗透检测的原理:零件表面被施涂含有荧光染料或着色染料的渗透剂后,在毛细管作用下,经过一段时间,渗透液可以渗透进表面开口缺陷中;经去除零件表面多余的渗透液后,再在零件表面施涂显像剂;同样,在毛细管的作用下,显像剂将吸引缺陷中保留的渗透液,即渗透液回渗到显像剂中;在一定的光源下(紫外线光或白光),缺陷处的渗透液痕迹被显示(黄绿色荧光或鲜艳红色),从而探测出缺陷的形貌及分布状态。

渗透检测可检测各种材料,包括金属、非金属材料,磁性、非磁性材料,材料加工方式包括焊接、锻造、轧制等。渗透检测具有较高的灵敏度(可发现 0.1 μm 宽缺陷),同时显示直观、操作方便、检测费用低。渗透检测的局限性:只能检出表面开口的缺陷,不适于检查多孔性疏松材料制成的工件和表面粗糙的工件;只能检出缺陷的表面分布,难以确定缺陷的实际深度,因而很难对缺陷做出定量评价,检出结果受操作者的影响也较大。

4. 声发射(AE)检测

声发射检测是通过接收和分析材料的声发射信号来评定材料性能或结构完整性的无损检测方法。材料中因裂缝扩展、塑性形变或相变等引起应变能快速释放而产生的应力波现象称为声发射。声发射检测主要用于检测在用设备、器件的缺陷即缺陷发展情况,以判断其良好性。

声发射技术的应用较为广泛。可以用声发射鉴定不同范性变形的类型,研究断裂过程并区分断裂方式,检测出小于 0.01 mm 的裂纹扩展,研究应力腐蚀断裂和氢脆,检测马氏体相变,评价表面化学热处理渗层的脆性,以及监视焊后裂纹产生和扩展等。

5. 着色探伤

着色(渗透)探伤的基本原理是利用毛细现象使渗透液渗入缺陷,经清洗使表面渗透液去除,而缺陷中的渗透残留,再利用显像剂的毛细管作用吸附出缺陷中残留的渗透液,从而达到检验缺陷的目的。

第 6 章　力、热耦合应力试验设计实例
——试验方案与载荷谱设计

6.1　力、热耦合效应分析

从宏观角度来说，电子产品在工作过程中，由于工作环境的温度变化、封装体内部芯片散热以及电流通断产生的焦耳热，焊点会始终处于交变的温度环境中。而封装材料是由热膨胀系数(CTE)不同的材料构成的，因此具有不同 CTE 的材料在膨胀或收缩时相互约束就会产生热应力。热应力会对焊点造成破坏，尤其会在不同材料间的界面处产生明显的剪切力。随着热循环过程中损伤的积累，就会产生疲劳裂纹并扩展。同时焊点也受到振动环境的影响，不同振型、不同强度的振动载荷会对焊点造成不同程度的损伤。不同方向的振动载荷与温度载荷耦合在一起，使裂纹的萌生与扩展规律变得更为复杂。

从微观角度来说，以焊点材料界面处的微元体为研究对象，温度和振动载荷的作用转换为该微元体受到的不同方向的应力。但是，微元体的合应力并不等于热应力与振动应力在各个方向上的简单叠加，微元体的形变量将在一定程度上改变其热量的传递过程。根据耦合热弹性力学原理，微元体的热传导方程和热弹性力学方程是两大基本方程。假设微元体为各向同性体，其热传导方程为

$$k\,\Delta T = C_v \dot{T} + T_0 b \dot{u}_{i,i} - \rho_0 r \tag{6.1}$$

其中，k 为导热系数，Δ 为 Laplace 算子，T 为绝对温度场，C_v 为单位初始体积的常应变比热，$C_v = \rho C_\rho$，ρ 为密度，C_ρ 为单位质量的比热，r 为内热源，$u_{i,i}$ 为微元体在 i 方向的位移(应变)，b 为与 Lame 常数和膨胀系数有关的参数，$b = (3\lambda + 2\beta)\alpha$，$\lambda$、$\beta$ 为 Lame 弹性常数，$\lambda = \mu E/(1+\mu)(1-2\mu)$，$\beta = G = E/2(1+\mu)$，$E$ 为杨氏弹性模量，μ 为泊松比，G 为剪切模量，α 为膨胀系数。

$T_0 b \dot{u}_{i,i}$ 项称为耦合项。该项的存在表明，温度场不能独立地由热传导方程解出，它受到运动过程中微元体位移(应变)的变化率的影响，必须通过与热弹性运动方程耦合求解。同理，在微元体的热弹性运动方程中，也含有与温度场相关的项 $b \cdot T(u, t)$，该项用以表征微元体在温度变化时的应变量。

这说明，温度场与应力场存在相互影响的耦合作用。对于无内外热源的绝热体，忽略公式(6.1)的内热源项和外加温度场，有

$$C_v \dot{T} + T_0 b \dot{u}_{i,i} = 0 \tag{6.2}$$

从式(6.2)中可以看出，温度的变化率受到了应变率 $\dot{u}_{i,i}$ 和材料本身特性 b 的影响，尤其在振动环境中，微元体的应变率很大，该耦合项的影响不可忽略。

为了衡量该耦合项对系统的影响，Boley 和 Weiner 引入一个无量纲的参数，称为耦合

系数。在式(6.1)中略去内热源项，并引入膨胀系数 α，有

$$k\Delta T = C_v \dot{T}\left(1 + \frac{T_0 b\alpha}{C_v}\cdot\frac{\dot{u}_{i,i}}{\alpha\dot{T}}\right) \tag{6.3}$$

用 v_e 表示弹性波在物体中的传播速度，则

$$v_e = \left(\frac{\lambda+2\beta}{\rho_0}\right)^{\frac{1}{2}} \tag{6.4}$$

将式(6.4)代入式(6.3)的 $\dfrac{T_0 b\alpha}{C_v}$ 项中，有

$$\frac{T_0 b\alpha}{C_v} = \frac{(3\lambda+2\beta)^2\alpha^2 T_0}{\rho^2 C_\rho v_e^2}\cdot\frac{\lambda+2\beta}{3\lambda+2\beta} \tag{6.5}$$

耦合系数 δ 为

$$\delta = \frac{(3\lambda+2\beta)^2\alpha^2 T_0}{\rho^2 C_\rho v_e^2} \tag{6.6}$$

因此，热传导方程又可写为

$$k\Delta T = C_v \dot{T}\left(1 + \delta\cdot\frac{\lambda+2\beta}{3\lambda+2\beta}\cdot\frac{\dot{u}_{i,i}}{\alpha\dot{T}}\right) \tag{6.7}$$

$\dot{u}_{i,i}$ 和 $\alpha\dot{T}$ 都是衡量应变的变化率的参量，是同阶量，因此，耦合项能否忽略，取决于两个因素：

(1) δ 的值是否远小于 1。

由式(6.6)可知，δ 值由材料本身的性质和初始温度确定。当 T_0 取 93.3℃ 时，得到钢的 δ 值为 0.014，铝的 δ 值为 0.029，对于粗略的静力计算而言，钢和铝的耦合项是可以忽略不计的。但是对于焊点而言，焊点及其附近的材料相对复杂，且各材料硬度差距较大，而且存在较多的软性材料。图 6.1 列出了 TFBGA 焊点附近的各材料组成与尺寸。表 6.1 列出了 TFBGA(SAC305)焊点各材料的相关力学参数。

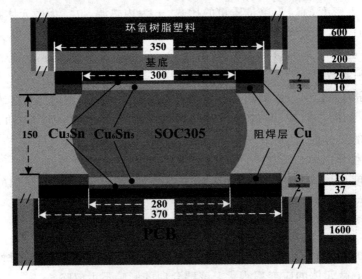

图 6.1　TFBGA 焊点附近的各材料组成与尺寸

表 6.1 TFBGA(SAC305)焊点各材料的相关力学参数

	密度 ρ /(kg/m^3)	杨氏弹性模量 E /GPa	泊松比 μ	剪切模量 G	比热容 C_ρ/(J/(kg·K))	膨胀系数 α /(10^{-6}/℃)
Cu	8196	117	0.38	42.4	0.39	17.7
SAC305	7384	37.4	0.35	6.44	0.22	25
Cu$_6$Sn$_5$	8280	85.6	0.31	32.67	0.26	18.1
Cu$_3$Sn	7658	93.6	0.34	34.9	0.30	18.1
阻焊层	1100	2.41	0.47	0.82	0.90	16
封装环氧树脂	1890	28	0.35	10.37	0.55	15
芯片侧基板	1910	16.8	0.39	7.59	0.55?	16
PCB	1910	17.7	0.39	7.99	0.89	16
芯片	2330	131	0.23	53.25	0.6?	2.8

根据式(6.6)，依据各材料的力学参数可求出相应材料的耦合系数。图 6.2 列出了 TFBGA(SAC305)焊点各材料在不同温度下的耦合系数，可以看出不同材料的耦合系数差距较大，且随温度升高而提高，尤其对于焊盘、IMC 层而言，其高温阶段的耦合系数可接近 0.05。对于处于动态环境的材料而言，这是一个不可忽略的值。

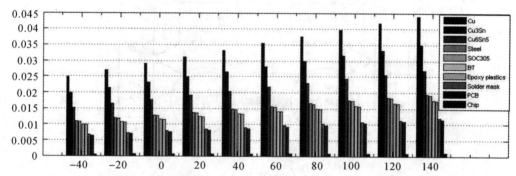

图 6.2 TFBGA(SAC305)焊点各材料在不同温度下的耦合系数

(2) $\dfrac{\dot{u}_{i,i}}{\alpha\dot{T}}$ 的值是否接近于 1。

由式(6.7)可知，$\dot{u}_{i,i}$ 表示微元体在 i 方向的位移(应变)的变化率，而 $\alpha\dot{T}$ 表示微元体受温度变化影响产生的膨胀位移(应变)的变化率。因此，该项比值可以理解为在某一方向上，热膨胀产生的应变率占该方向上总应变率的比例的倒数。

在振动与温度的耦合环境中，以正弦振动和高低温循环的耦合试验为例，微元体受到的振动应力远大于热应力，且振动应力的交变频率远高于热应力的交变频率，此时，振动应力变化导致的微元体应变的变化处于主导地位，因此 $\dfrac{\dot{u}_{i,i}}{\alpha\dot{T}}$ 的值远大于 1。

综上所述，在焊点的振动与温度耦合环境中，耦合项的 δ 值不能近似为 0，$\dfrac{\dot{u}_{i,i}}{\alpha\dot{T}}$ 的值也不能近似为 1,因此可以认为,耦合项对振动与温度耦合环境中焊点的力学行为产生了不可忽略的影响,振动导致的应变与温度场变化导致的应变互相影响,不能简单地在各个方向上进行线性叠加。

根据式(6.7),可以设想一种可能情况:外部温度场导致微元体温度下降,产生收缩变形,而剧烈的振动应力变化导致微元体温度上升,产生膨胀变形。当微元体处于振动与温度耦合环境时,热应力与振动应力可能会起到相互抑制的作用,减缓了微元体在单一应力载荷下的形变,进而提高了焊点的可靠性。因此对于焊点在耦合应力场下的力学分析,需要对热传导方程和运动方程进行联立耦合求解。然而焊点的结构和材料相对复杂,给耦合方程的建立和计算带来了很大的困难。为了更加直观地研究焊点在耦合场中的力学行为与损伤机理,只有借助大量的耦合试验进行分析。

6.2　整体方案

与单一载荷可靠性试验相比,复合载荷条件下的可靠性试验对试验环境和信号采集等条件要求比较高。电路板级焊点力、热耦合试验能否有效进行,主要取决于三个因素:试验装置的搭建、试验件的设计与信号采集的构建。因此,本章的设计思路也是基于上述三个因素展开的,总体的技术方案如图 6.3 所示。

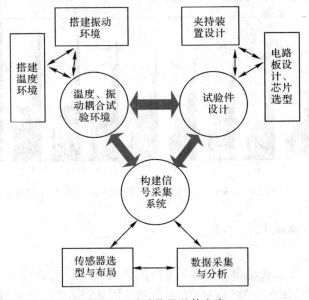

图 6.3　试验装置整体方案

首先,搭建三综合试验环境。分别通过振动台和温湿度箱搭建振动环境和温湿度环境,并设计过渡轴和软膜联接,实现振动台和温湿度箱的组装配合,从而完成振动、温度、湿度环境的协同复合加载。

其次,完成试验件的设计。选择合适的 PCB 板型和芯片型号作为试验件,并设计电路板夹持装置,实现对电路板的不同固定方式、不同姿态方位的夹持功能,既满足三综合试验环境对夹持装置尺寸、重量、材料等方面的要求,又满足振动台对夹持装置的模态响应要求。

最后,构建信号采集系统。针对不同的信号类型选择对应的传感器型号与采集装置,并对具体的传感器安装位置、安装方式以及信号的采集、存储与分析方法进行协同布局与优化，实现对焊点失效过程中的状态信息和故障数据的全面、实时采集。

6.3　软硬件结构布局

试验系统由软件部分和硬件部分构成。软硬件部分通过传感器的信号线和控制器的指令线进行交联，实现完整的闭环。整个试验装置的结构布局如图 6.4 所示。

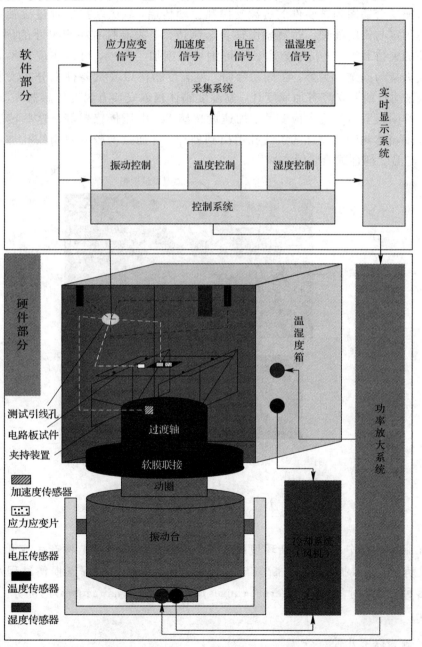

图 6.4　试验装置的软硬件结构布局

软件部分包括控制系统、采集系统和实时显示系统，分别实现各信号的控制、多数据的采集、存储及显示等功能。其中，控制系统包含振动控制、温度控制和湿度控制三部分，三部分可以依照控制目标分别施加，并同时加载于试验环境中，实现环境耦合作用；采集系统采集的信号类型包括加速度信号、应力应变信号、电压信号、温湿度信号等，用于全面、实时地监测系统在试验过程中的状态信息，便于实现控制、分析等功能。

硬件部分包括振动台、温湿度箱以及各自的功放系统、冷却系统。振动台的部分台体探入温湿度箱的内腔，通过过渡轴和软膜联接实现振动环境与温湿度环境的耦合。其中过渡轴实现由振动台动圈到试验件的过渡支撑和振动传递，软膜联接实现过渡轴穿过温湿度箱底部时的固定与密闭处理。过渡轴由镁合金制造，上表面打有一定尺寸的固定孔，用于固定试验件的夹持装置。夹持装置由长方形钢板切削加工而成，可以实现对不同尺寸电路板试验件的夹持与固定。另外，在振动台面、温湿度箱体以及试验件上分布安装不同类型的传感器：振动台面上安装有加速度计，温湿度箱体顶部安装有温度传感器和湿度传感器，电路板的芯片附近安装有应力应变片、加速度传感器、电压传感器等。这些传感器的引线通过在温湿度箱体侧壁上设计的引线孔引出到外部，并通过橡胶塞对引线孔加以密封。图6.5为振动与温度耦合试验装置实物图。

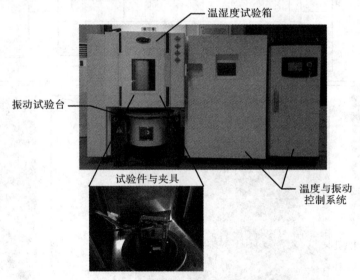

图 6.5　振动与温度耦合试验装置实物图

6.4　载荷谱设计

焊点在服役过程中，受到复杂环境的作用，导致焊点的内部结构产生变化，出现焊点变形、裂纹萌生、裂纹扩展、焊点断裂与脱落等损伤现象。影响焊点损伤过程及其寿命的因素有很多种，具体分为内因（internal causes）和外因（external causes）两部分。

1. 内因

内因又分为以下几种：

（1）焊点材料（含铅、无铅、材料配比、含稀有金属等）。

（2）焊点尺寸（焊点形状、高度、体积、焊盘直径等）。

（3）焊点布局（焊点的个数、排列方式、间距、位置等）。

（4）PCB 的参数（材料、形状、厚度、芯片的布局及安装位置等）。

2. 外因

外因主要包括复杂服役环境的影响，包括：

（1）温度环境（温度循环范围、温变速率、高低温驻留时间等）。

（2）振动环境（振型、振动强度、频率、固支方式）。

（3）电场环境（通过焊点的电流方向、电流密度等）。

（4）环境中存在的跌落、电磁、潮湿、灰尘等现象也会影响焊点的损伤过程。

下面针对一确定焊点在振动、温度耦合环境下的损伤行为进行研究。该损伤行为是在热应力与振动应力耦合作用下的复杂退化过程。为了研究该过程对焊点损伤程度的影响机理，需要根据不同的耦合环境设计具体的试验方案。

6.4.1　不同耦合方式对焊点损伤过程的影响

1. 温度循环周期内不同耦合时机对焊点损伤过程的影响

选取热应力加载环境为高低温循环环境，参照美军标 ML-STD-883 的相关规定，其中温度范围为 $-40 \sim 125$ ℃，初始温度为 25 ℃，高/低温驻留时间 $t_1 = t_3 = 27$ min，升/降温速率为 5 ℃/min，循环周期 $T_1 = 120$ min。选取振动载荷为正弦振型，振动频率为 100 Hz，振动加速度有效值为 $1g$（$g = 9.8$ m/s²），试验时间为 100 个循环周期。振动过程中 PCB 的夹持方式为水平夹持，固支方式为四角固支。采用对照试验的思想设计试验方案，如图 6.6 所示。其中 Test1～Test3 为对照组，分别为无振动的温度循环环境、无温度循环的振动环境和全周期振动的温度循环环境。Test4～Test7 为试验组，分别在温度循环的升温不同耦

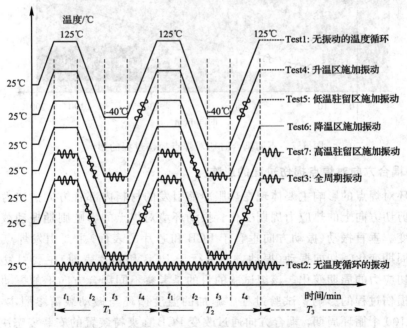

图 6.6　温度循环周期内对焊点损伤过程的影响

合时机区、低温驻留区、降温区和高温驻留区施加振动载荷。该组试验的目的是考察在温度循环的不同阶段施加振动载荷对焊点损伤结果的影响，通过对试验组和对照组的对比分析，进一步研究振动载荷与温度载荷的耦合机理和耦合效应。

2. 不同耦合时期对焊点损伤过程的影响

为了考察振动载荷对焊点在不同裂纹扩展时期（早期、中期和后期）的影响，设计一组对照试验，试验过程中施加的温度循环参照本小节试验1（不同耦合时机对焊点损伤过程的影响），试验时间为 100 个循环周期。设计 Test1～Test3 分别在不同的时期施加正弦振动，正弦振动的参数参照本小节试验1。具体试验方案如图 6.7 所示，其中 Test1 的正弦振动加载时机为第 5～35 个循环周期，Test2 的正弦振动加载时机为第 35～65 个循环周期，Test3 的正弦振动加载时机为第 65～95 个循环周期。通过比较三组试验的结果分析不同耦合时期对焊点损伤过程的影响。

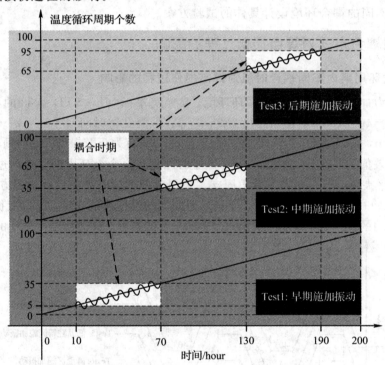

图 6.7　不同耦合时期对焊点损伤过程的影响

3. 不同耦合方向对焊点损伤过程的影响

温度循环对焊点的影响主要体现在热胀冷缩引发的材料内部各方向热应力周期变化和材料界面处剪切方向上的热应力周期变化。振动环境对焊点的影响则随振动载荷的施加方向不同而改变。垂直振动（振动方向垂直于 PCB 和芯片的表面）主要引发焊点各材料界面处正应力的周期变化。切向振动（振动方向平行于 PCB 和芯片表面）主要引发焊点各材料界面处的剪切应力的周期变化。该组试验的目的是考察不同耦合方向上的振动与温度环境组合对焊点损伤过程的影响。试验过程中施加的温度循环与振动载荷参照本小节试验1，试验时间为 100 个循环周期，耦合方向通过改变 PCB 在夹持装置的安装姿态决定，分别包括 0°、90°、30°、45°四个方向，如表 6.2 所示。

表 6.2　不同耦合方向对焊点损伤过程的影响

	夹持姿态	PCB 倾斜角度	焊点振动主应力
Test1	水平	0°	拉伸应力
Test2	竖直	90°	剪切应力
Test3	倾斜	30°	复合应力
Test4	倾斜	45°	复合应力

6.4.2　耦合环境中温度载荷对焊点损伤过程的影响

大量的研究证明，改变温度循环过程中的阶段参数，会对焊点可靠性产生明显的影响。但是这些研究结论大都只处于定性的分析阶段，仍需要借助大量系统的试验对结果进行深入的定量分析。另外，这些研究大都在单一温度载荷环境下进行试验，并没有考虑温度与振动耦合效应对结果的影响。另有学者研究了热时效环境下振动环境对焊点可靠性的影响，结论表明相比于常温环境，高温热时效可以减缓振动对焊点的损伤进程，从而延长焊点的寿命，但是并未涉及温度循环与振动环境耦合的情况。因此，需要进一步深入研究耦合环境中温度参数对焊点损伤过程的影响。

本组试验依然按照对照试验的思想，选取 6.4.1 节试验 1 中的温度参数为标准设计 9 组试验，如图 6.8 所示。其中 Test1～Test3 为对照组，分别为常温时效条件下的正弦振动、无振动条件的标准温度循环和标准温度循环条件下的正弦振动。Test4～Test9 为试验组，Test4～Test5 分别为高、低温时效条件下的正弦振动，Test6～Test9 分别为改变升降温速度、高/低温驻留时间和高/低温范围时的正弦振动环境。为了保证试验的对比效果，设计 9 组试验的循环周期一致，均为 120 min。试验时间为 100 个循环周期。具体的试验参数如表 6.3 所示。

表 6.3　具体的试验参数

温度循环参数 组　　号	最低温度/℃	最高温度/℃	高/低温驻留时间/min	升/降温速率/(℃/min)	循环周期时间/min
Test1：常温下正弦振动	25	25	120	0	120
Test2：标准温度无振动	−40	125	27/27	5/5	120
Test3：标准温度正弦振动	−40	125	27/27	5/5	120
Test4：高温下正弦振动	125	125	120	0	120
Test5：低温下正弦振动	−40	−40	120	0	120
Test6：缩短驻留时间	−40	125	36/36	7/7	120
Test7：延长驻留时间	−40	125	5/5	3/3	120
Test8：提高最低温度	−20	125	27/35	5/5	120
Test9：降低最高温度	−40	100	37/27	5/5	120

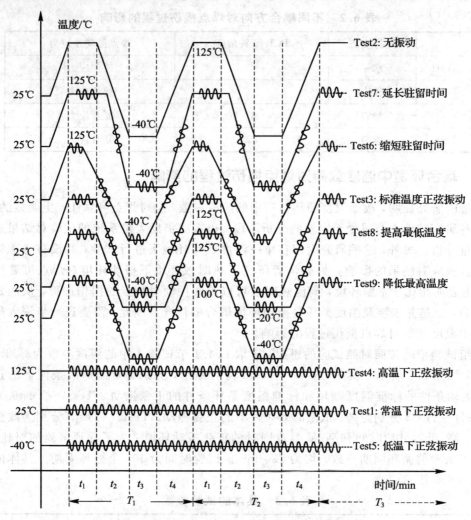

图 6.8 耦合环境中温度载荷对焊点损伤过程的影响

6.4.3 耦合环境中振动载荷对焊点损伤过程的影响

1. 耦合环境中不同振型对焊点损伤过程的影响

焊点在实际的服役环境中，往往受到不可预知的随机振动的影响，这给焊点损伤的研究带来了很多困难。为了便于分析，现有的振动试验往往将振动环境简化为平稳随机振动过程，即假设随机振动的功率谱密度（PSD）函数在时间域上是可积的。目前，关于平稳随机振动的疲劳失效分析经常借助于三带技术，它依托于统计学原理和大量的试验数据，结合材料的固有频率给出寿命预测方法与结果。但是该方法不能具体反映出振动载荷对焊点损伤过程的影响机理，而且上述方法并没有在考虑热应力耦合的情况下进行分析。

从几种基础的振动波形出发，设计一组试验研究耦合场中不同振型的振动载荷对焊点损伤过程的影响。试验方案设计如图 6.9 所示。试验选取正弦波、方波、锯齿波和平稳随机振动波形进行试验，其中温度循环的加载方式与 6.4.1 小节试验 1 保持一致，试验时间为 100 个循环周期，PCB 水平夹持，正弦波、方波、锯齿波的振动频率均为 200 Hz，加速度

幅值的有效值均为 $1g(g=9.8\ \text{m/s}^2)$，平稳随机振动的 PSD 谱图采用美国军用标准 MIL-STDNAVMATP-949，随机振动的最低频率为 20 Hz，最高频率为 2000 Hz。随机振动的功率谱分布如图 6.10 所示。

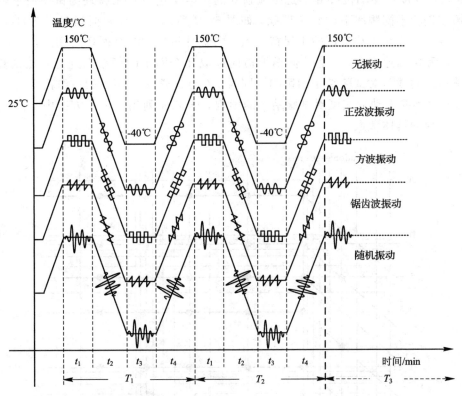

图 6.9　耦合环境中不同振型对焊点损伤过程的影响

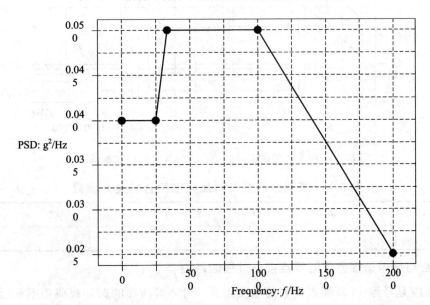

图 6.10　随机振动的功率谱分布

2. 耦合环境中不同振动参数对焊点损伤过程的影响

衡量振动载荷的参数主要有振动频率、振动加速度和振动位移。在一定的目标频谱范围内，振动加速度和振动位移并不是相互独立的。本文选取正弦振动为试验波形，设计一组目标频谱进行不同频率下的驻留试验，如图 6.11 所示。设计起振频率为 5 Hz，耦合的温度循环载荷与 6.4.1 小节试验 1 保持一致，试验时间为 100 个循环周期。各组频谱均可为定位移段和定加速度段，在各个频谱上横向选取几个固定的频率点进行对比试验，考察不同频率的振动载荷对试验结果的影响。同时，在纵向选取同频率的一组振动进行对比试验，可以考察不同振动加速度对试验结果的影响。表 6.4 列出了试验方案中不同振动频率与加速度组合的具体参数。

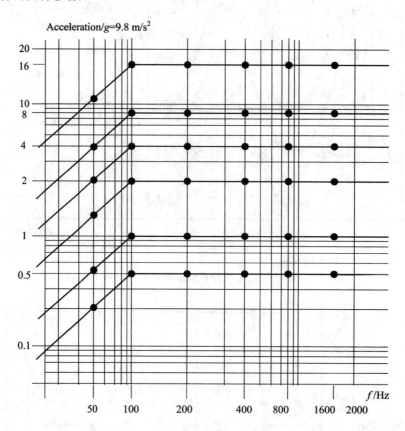

图 6.11　耦合环境中不同振动参数对焊点损伤过程的影响

表 6.4　不同振动频率与加速度组合的具体参数

频率/Hz	50	100	200	400	800	1600
加速度/g	0.5	1	2	4	8	16

3. 耦合环境中谐振效应对焊点损伤过程的影响

谐振效应是导致 PCB 焊点失效的重要因素，当环境施加的振动载荷频率靠近试验件的固有频率时，会激发其本身的固有振动模态，产生谐振现象。谐振现象会极大地加强原有的振动强度，给 PCB 本身及其焊点造成不可承受的破坏和损伤。设计一组扫频与谐振驻留试验研究各阶谐振频率对焊点损伤过程的影响，其中扫频范围为 $100\sim2000$ Hz，然后选取前 5 阶固有频率进行谐振驻留试验。由于固有频率与试件的夹持姿态与固支方式有关系，所以设计几组平行试验分别进行水平夹持的四角固支、竖直夹持的四角固支、水平夹持的单边固支和竖直夹持的单边固支等四种情况下的扫频与谐振驻留试验。图 6.12 为水平夹持的四角固支 PCB 的振动扫频过程。表 6.5 为谐振频率的试验结果。

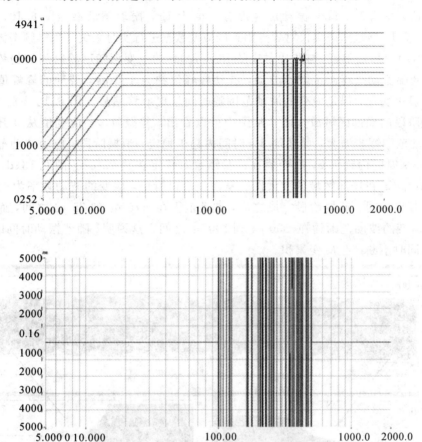

图 6.12   水平夹持的四角固支 PCB 的振动扫频过程

表 6.5   谐振频率的试验结果

	频率/Hz	幅值比	相位/°	Q（品质因子）
1	103.42	3.8e−05	86.298	113.72
2	156.72	4.7e−05	255.67	170.82
3	166.65	2.9e−05	5.6591	113.72
4	179.83	3.6e−05	39.552	113.72
5	183.02	3.0e−05	−109.93	113.72

6.5　初步试验及结果分析

为了验证上文试验装置与试验方案的有效性，进行初步的试验及结果分析。试验的内容为水平夹持的四角固支 PCB 的振动试验。试验时间为 2 小时，振动方式为正弦振动的频率驻留试验。驻留频率为 100 Hz，振动加速度有效值为 $1g$，振动频谱参照图 6.10。试验选取 ECON － MI － 7016 型数据采集仪对焊点附近的应变数据进行实时采集。采样频率为 1000 Hz。

图 6.13(a)为焊点附近(与芯片对应的 PCB 背面)的应变值随试验时间的趋势图。从图中看出，应变随振动过程产生剧烈波动，波动峰峰值约为 150 $\mu\varepsilon$，波动的峰峰值并没有随着时间发生显著变化，但是应变的波动范围随时间呈现上移趋势。图 6.13(b)、(c)为起振阶段和消振阶段的局部区域放大图。从图中可以看出，起振阶段，应变值从 0 开始产生波动，应变波动范围逐步增大，并在约 5 s 时间内趋于稳定；消振阶段，应变波动范围逐步减小，并在 4.5 s 时间内趋于 0，应变值在试验结束时稳定在约 22 $\mu\varepsilon$。图 6.13(d)、(e)分别为图 6.13(b)、(c)在局部区域的放大图。从图中可以看出，应变的波动频率为 100 Hz，与施加的振动频率相同。起振阶段完成之后，波动范围在 -75 $\mu\varepsilon$ 到 75 $\mu\varepsilon$ 之间，而消振阶段开始之前，应变的波动范围约在 -50 $\mu\varepsilon$ 到 100 $\mu\varepsilon$ 之间。这说明，随着振动时间的增加，应变在波动的同时不断产生应变累积。

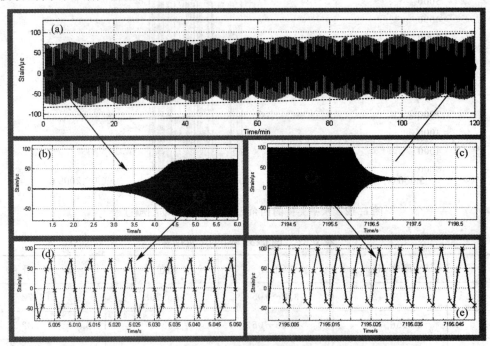

图 6.13　焊点应变值随试验时间的趋势图

为了研究应变随振动时间的累积趋势，对采集到的应变数据进行了简单的处理。由于采样频率为 1000 Hz，应变的波动频率为 100 Hz，所以在每个波动周期内可以采集到 10 个数据。将试验采集的应变数据分组，每组包含相邻 10 个波动周期的 100 个数据，对每组数据求平均值，用以衡量该组数据在对应时间段的应变累积水平。图 6.14(a)为计算后的平均值随时间变化的趋势图。从图中可以看出，应变的累积值从 0 逐渐增加，试验结束时，该累积值达到了 23 $\mu\varepsilon$。图 6.14(b)为应变的累积值在 40~45 min 内的局部放大图，从图中可以看出，应变的 积累在局部仍然剧烈波动，但表现出整体上升的趋势。该趋势符合焊点损伤理论中的应变累 积效应，证明本文设计的应变片安装位置是合理有效的。通过检测与芯片相对的 PCB 背部的 应变累积趋势，可以为研究焊点的损伤过程及寿命预测提供数据参考。

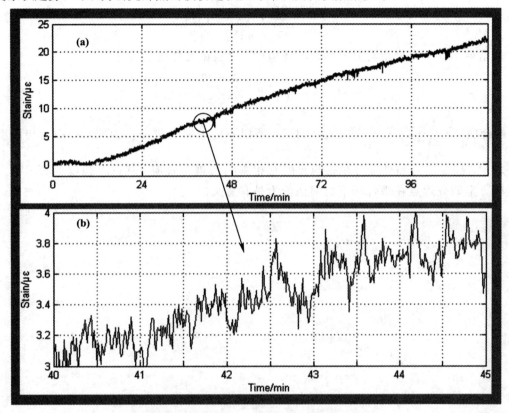

图 6.14　应变平均值随时间变化的趋势图

　　图 6.15 对比了振动环境与温度循环环境下的应变累积趋势图。根据应变累积的变化 趋势可以粗略估算出，在振动过程中，应变累积的变化率约为 0.2 $\mu\varepsilon/\min$，而温度循环试 验中，应变累积的变化率约为 0.001 $\mu\varepsilon/\min$。

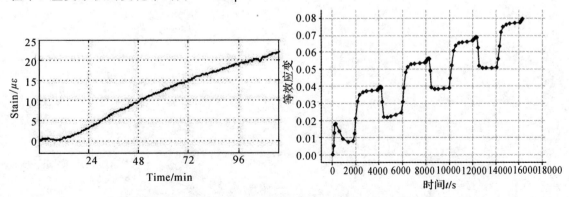

图 6.15　振动环境与温度循环环境下的应变累积趋势图

根据 6.1 节的相关理论，估算 $\dot{u}_{i,i}/\alpha\dot{T}$ 的比值可达到 200 以上，再结合不同参数的耦合系数值，可以估算出热传导方程中的耦合项 $\delta \cdot \dfrac{\lambda+2\beta}{3\lambda+2\beta} \cdot \dfrac{\dot{u}_{i,i}}{\alpha\dot{T}}$ 的具体数值，以 SAC305 材料为例，其耦合项在常温下的值估算为

$$\delta \cdot \frac{\lambda+2\beta}{3\lambda+2\beta} \cdot \frac{\dot{u}_{i,i}}{\alpha\dot{T}} \approx 1.249 \tag{6.8}$$

该结果验证了在振动与温度耦合的环境中，材料微元体的热传导方程：

$$k\Delta T = C_v\dot{T}\left(1+\delta \cdot \frac{\lambda+2\beta}{3\lambda+2\beta} \cdot \frac{\dot{u}_{i,i}}{\alpha\dot{T}}\right)$$

中，耦合项 $\delta \cdot \dfrac{\lambda+2\beta}{3\lambda+2\beta} \cdot \dfrac{\dot{u}_{i,i}}{\alpha\dot{T}}$ 并非远小于 1，所以不能忽略。进一步说明，在振动与温度耦合环境中，振动应力和热应力存在明显的互相影响的耦合效应，从这个角度而言，本文设计试验方案研究焊点在耦合场下的损伤行为是有意义的。

第三篇　电子封装失效分析技术

　　本篇在焊点可靠性试验的基础上，对焊点的失效模式与机理进行了分析。基于对比分析的思想，单场研究与耦合场研究相结合，揭示了力、热耦合作用下焊点的疲劳失效行为与规律，并将在线失效状态表征与离线失效模式分析相结合，将焊点的失效模式与所监测的应变和电阻数据对应联系起来，基于不同数据的类型和特点，阐述力、热耦合作用下焊点结构健康状态评估方法。

第7章　振动载荷下板级焊点疲劳失效分析

7.1　焊点随机振动试验

参考 JESD22-B113A 标准设计 A 和 B 两种型号的印刷电路板(PCB),其中 A 型电路板上的芯片为 QFP 封装,B 型电路板上的芯片为 BGA 封装,如图 7.1 所示。两种型号印刷电路板均为镀 Ni/Au 层的 FR-4 基板,尺寸都为 132 mm×77 mm×1 mm,焊盘选用常见的 Au/Ni/Cu 结构镀层焊盘。IC 芯片为某型机载燃油测量系统中耗量组件的基于 ARM 核心的微控制器,负责计算飞行器的总油量,并对飞行器的燃油消耗量进行补偿,同时将燃油测量结果发送给相关机载设备进行数据交换,对于保证飞行器的飞行安全具有重要作用。该芯片具有 QFP 与 BGA 两种封装形式。

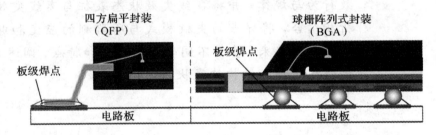

图 7.1　QFP 封装与 BGA 封装示意图

A 型电路板所使用 QFP 封装芯片的焊点尺寸参数如表 7.1 所示。该芯片采用典型的回流焊工艺焊接在 PCB 上,所用钎料为 Sn3.0-Ag-0.5Cu(SAC305)无铅材料,芯片的 100 个无铅焊点在四周以 25×4 的方式排列。参考 IPC-9701 标准设计菊花链监测电路,将四周焊点引出形成电阻测试环路,通过监测阻值变化来判断焊点是否完全断裂失效。

表 7.1　QFP 芯片的焊点尺寸

器件	树脂基板尺寸 /mm×mm×mm	焊点宽度 B/mm	焊点间距 D/mm	焊点高度 H/mm	焊点长度 L/mm	焊点矩阵
QFP100	14×14×1.6	0.3	0.5	0.1	0.5	25×4

为保证研究的一致性,B 型电路板上芯片的功能、焊点、PCB 的材料、焊盘选型以及焊接工艺等参数均与 A 型电路板相同。BGA 型焊点在芯片下方呈阵列状排列,焊点尺寸参数如表 7.2 所示。

表 7.2　BGA 芯片的焊点尺寸

器件	树脂基板尺寸 /mm×mm×mm	焊球直径 /mm	焊球间距 D/mm	焊点高度 H/mm	焊点 矩阵
BGA100	10×10×1.7	0.4	0.8	0.3	10×10

在实际服役过程中，电子设备所处的振动环境（振幅、频率等）常常会发生变化，即经常工作在随机振动环境中。在电子设备中，电路板的固定方式通常为单边插槽式与四角固定式。因此，选择电路板单边固支方式与四角固支方式进行随机振动试验，如图 7.2 所示。其中，单边固支方式下的振动试验由小型振动激励器提供振动载荷，四角固支方式下的振动试验在振动试验台上完成。

(a) 单边固支方式　　　　　　　　　(b) 四角固支方式

图 7.2　随机振动试验固支方式

7.1.1　试验前准备

（1）将 A 型与 B 型电路板试验样件板背侧喷涂成散斑图案。

（2）测量 A 型与 B 型电路板试验样件上的 QFP 封装与 BGA 封装的菊花链电阻初始值。

（3）对于单边固支振动试验，将被测电路板样件按悬臂梁方式固定。对于四角固支振动试验，利用 4 个螺栓将被测电路板样件通过夹具固定在振动台上，电子芯片朝下，高度为 130 mm 的夹具允许板级封装在振动过程中自由弯曲。

（4）对于单边固支振动试验，将一个 B&K 传感器（0.2g）贴装在芯片附近，用以测量PCB 的响应加速度值，以确保施加在板级封装上的振动载荷符合试验要求，如图 7.3 所示。对于四角固支振动试验，将两个加速度计分别贴装在振动台面与夹具中心位置，用于测量激励加速度与经过夹具传递后的加速度，并且可同时对两块不同封装类型的电路板进行振动试验，如图 7.4 所示。

（5）校准 XJTUDIC 三维数字散斑动态应变测量系统的参数与 PCB 的坐标方位，并将被测电路板的菊花链接入电信号数据同步采集装置，以便判断在振动试验过程中焊点是否完全断裂。根据之前的理论分析与试验研究，通常位于封装最外围边角处的焊点受到的应力应变最大，最先发生失效，因此重点监测单边固支方式下 IC 芯片最外侧的边角焊点以及四角固支方式下 IC 芯片四周的边角焊点。

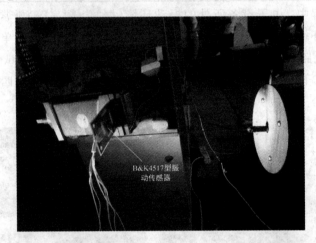

图 7.3 单边固支试验中的传感器贴装方式

图 7.4 四角固支试验中的传感器贴装方式

7.1.2 试验过程

1. 模态试验

在进行随机振动试验前需要对电路板进行模态试验，以了解其动态响应特性。由于研究对象为小而轻的电路板试件，因此采用力锤敲击法即可激发出电路板试件的前几阶频率，操作简单实用。表 7.3 与表 7.4 分别为单边固支方式下 QFP 封装与 BGA 封装的电路板试件的前 6 阶模态频率。表 7.5 与表 7.6 分别为四角固支方式下 QFP 封装与 BGA 封装的电路板试件的前 6 阶模态频率。通过对比可以看出，四角固支方式下的电路板试件的一阶固有频率比单边固支方式下的要高。

表 7.3　单边固支方式下 QFP 封装电路板试件的模态频率

	模态阶数					
	1	2	3	4	5	6
模态频率/Hz	176.93	337.48	464.77	590.44	785.69	895.31

表 7.4　单边固支方式下 BGA 封装电路板试件的模态频率

	模态阶数					
	1	2	3	4	5	6
模态频率/Hz	201.82	382.11	511.32	603.87	746.54	864.72

表 7.5　四角固支方式下 QFP 封装电路板试件的模态频率

	模态阶数					
	1	2	3	4	5	6
模态频率/Hz	276.57	413.63	581.22	643.73	812.67	1026.84

表 7.6　四角固支方式下 BGA 封装电路板试件的模态频率

	模态阶数					
	1	2	3	4	5	6
模态频率/Hz	298.35	420.27	636.12	749.93	909.31	1175.62

2. 振动试验载荷设计

1）简谐振动载荷

选择一组载荷进行焊点定频定幅试验。信号频谱如图 7.5 所示，振动频率 f 为 100 Hz，加速度峰值 G 为 $8g$，令 $y(dB)=20\lg(G/8)$，用 dB 衡量加速度峰值间的比例，在振动加速度峰值±3 dB 处设置警戒线，±6 dB 处设置中断线，当试验振动参数出现异常时，会发出警告直至自行中断试验，确保整个试验过程中振动参数控制在规定值±3 dB 以内。

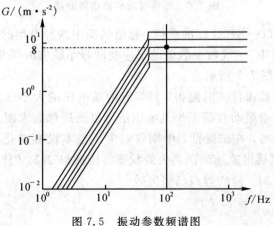

图 7.5　振动参数频谱图

2）随机振动试验

随机振动载荷通常由振动频率和加速度功率谱密度（Power Spectral Density，PSD）两个参数来表征。电子器件工程联合会发布的 JESD22-B103 标准以及我国国家军用标准 GJB150.16A 中规定了相关随机振动试验条件。但值得注意的是 JESD22-B103 标准是针对大多数普通电子产品制订的，GJB150.16A 所提供的是陆地机动（如运输过程等）随机振动试验条件。而本试验所使用的 IC 芯片为机载电子设备中的微控制器，在实际服役过程中，经常处于高强度的振动环境中，尤其是在飞机起飞、导弹发射等阶段，所承受的振动载荷强度远大于常规陆基条件下的电子设备。因此，在参考相关标准的基础上，提高了试验中的随机振动载荷量级，进行 50～500 Hz 宽频随机振动试验，并按照施加的加速度功率谱密度大小将所施加的振动载荷分为高（$20 \ g^2/Hz$）、中（$10 \ g^2/Hz$）、低（$1 \ g^2/Hz$）三挡，具体的频谱曲线如图 7.6 所示。试验 PSD 值设置 ±3 dB 警戒线、±6 dB 中断线，当试验振动参数出现异常时，会发出警告直至自行中断试验，确保整个试验过程中振动参数控制在规定值 ±3 dB 以内。通过对输入/输出 PSD 曲线的比较，激励信号和实测信号较为吻合，且实测信号并未出现大的波峰，说明夹具的设计具有良好的传递特性和动态特性，也为板级焊点在特定载荷下的振动试验提供了保证。

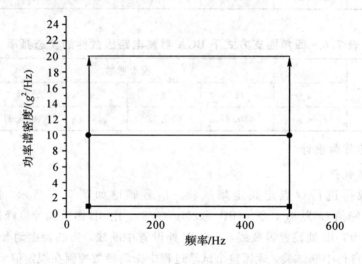

图 7.6　加速度功率谱密度曲线

试验参照 MIL-STD-810G 标准进行，每组试验中两种类型的试验件均为 3 个。在试验过程中，通过 XJTUDIC 三维数字散斑动态应变测量系统实时采集与焊点对应的 PCB 背侧区域的应变信息，如图 7.7 所示。

焊点电压值经示波器探针实时测得，将焊点两端电压的大小作为焊点失效程度的判定依据。图 7.8 所示为简谐振动载荷下焊点电压信号以及局部放大图。根据简谐振动载荷下焊点失效信号的变化趋势，在试验前、中期焊点电压基本没有变化。随后，焊点电压由初始值变化到 1～2 V，然后迅速达到彻底失效状态。因此以 2.5 V 作为焊点的失效阈值，当焊点电压值超过 2.5 V 时，判断焊点已经失效。

随机振动试验

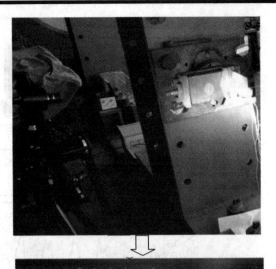

散斑图像采集与分析

PCB动态应变场分布

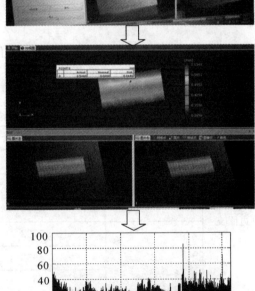

实时动态应变曲线

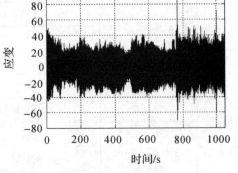

图 7.7 数字散斑测量系统测量 PCB 的实时应变

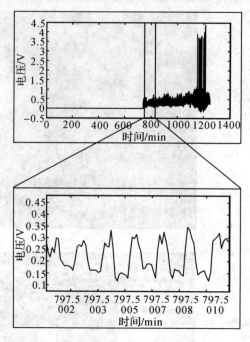

图 7.8 焊点电压变化图

7.1.3 试验结果与分析

按照所设计的随机振动载荷完成试验后，电路板试件上的焊点发生了不同程度的损伤，处于外侧的边角焊点最先出现断裂、脱落等故障，将不同振动载荷下的焊点首次发生疲劳失效的时间进行统计，如表 7.7～表 7.9 所示。

表 7.7 随机振动载荷为 $20\ g^2/Hz$ 时焊点疲劳寿命

试件编号	固支方式	电路板类型	焊点疲劳寿命/s	焊点疲劳寿命均值/s
A1	单边固支	A	6308	6842
A2			7224	
A3			6994	
B1		B	5722	5573
B2			4952	
B3			6044	
A4	四角固支	A	8978	8345
A5			8072	
A6			7984	
B4		B	7516	7410
B5			6932	
B6			7782	

表 7.8　随机振动载荷为 $10\ g^2/\text{Hz}$ 时焊点疲劳寿命

试件编号	固支方式	电路板类型	焊点疲劳寿命/s	焊点疲劳寿命均值/s
A7	单边固支	A	19 656	20 370
A8		A	20 685	
A9		A	20 769	
B7		B	14 850	15 087
B8		B	15 399	
B9		B	15 012	
A10	四角固支	A	26 286	25 295
A11		A	23 697	
A12		A	25 902	
B10		B	22 569	23 197
B11		B	24 165	
B12		B	22 857	

表 7.9　随机振动载荷为 $1\ g^2/\text{Hz}$ 时焊点疲劳寿命

试件编号	固支方式	电路板类型	焊点疲劳寿命/s	焊点疲劳寿命均值/s
A13	单边固支	A	57 036	53 816
A14		A	55 578	
A15		A	48 834	
B13		B	43 275	42 208
B14		B	41 418	
B15		B	41 931	
A16	四角固支	A	60 372	57 342
A17		A	56 856	
A18		A	54 798	
B16		B	48 633	46 752
B17		B	47 919	
B18		B	43 704	

为了便于观察,将不同载荷条件下的焊点疲劳寿命均值做进一步统计分析,结果如图 7.9 所示。

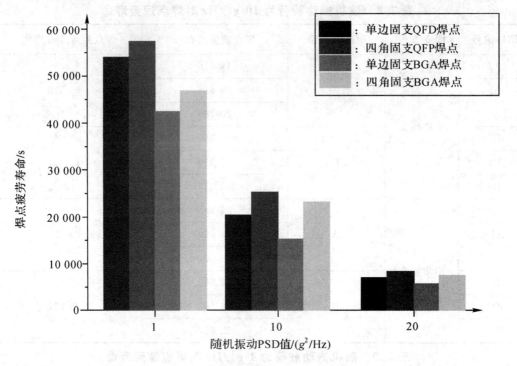

图 7.9　不同载荷下的焊点疲劳寿命统计结果

通过对比分析表 7.6～表 7.10 三组试验的失效数据以及图 7.9 可以得出以下结论：

（1）随着随机振动载荷的增大，QFP 与 BGA 封装焊点的疲劳寿命水平均呈现下降趋势。

（2）对于同类型的电路板，四角固支方式的焊点疲劳寿命明显高于单边固支方式的疲劳寿命。这是由于电路板的一阶模态频率对其变形起主要作用，与单边固支方式相比，在四角固支方式下，电路板试件由于受到四个边角螺钉的紧固作用，使电路板的最大振幅减小，最大形变量也随之下降，从而提高了焊点疲劳寿命水平。

（3）在同种载荷条件下，相同固支方式的 QFP 封装焊点的疲劳寿命比 BGA 封装焊点要高。究其原因，BGA 封装焊点体积比 QFP 封装焊点小很多，但高度却较高。已有研究表明，在外部载荷作用下，焊点高度越高、直径越小，焊点内部产生的最大等效应力与最大应变越大。因此，BGA 焊点的几何形态特点是导致其疲劳寿命缩短的重要原因。

7.2　焊点振动疲劳失效模式与机理分析

为进一步分析焊点的失效模式与失效机理，对振动试验中失效的焊点做金相分析。从电路板试件上截取部分芯片与 PCB 制作成金相试样，研磨至焊点剖面后用抛磨机对焊点剖面进行抛光，最后利用光学显微镜与扫描电子显微镜（SEM）进行焊点失效分析，如图 7.10 所示。

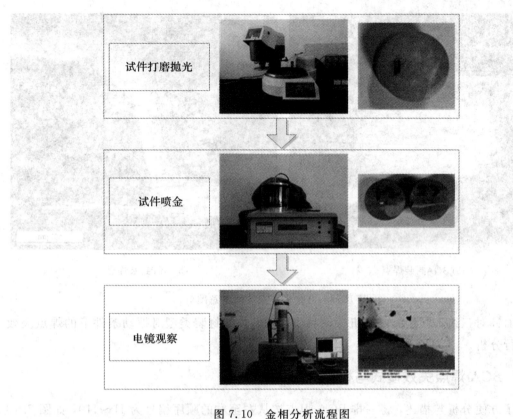

图 7.10　金相分析流程图

　　试验中的金相试样的剖面位置与磨向如图 7.11 所示。之前的试验结果表明，BGA 封装焊点中 P1～P4 四条边的端部焊点最易失效，QFP 封装中 P5～P8 四条边的端部焊点最易失效，因此金相分析时主要查看这几排焊点的金相组织。图 7.12 为随机振动试验前光学显微镜下观察到的未损伤的 BGA 焊点剖面图像与 QFP 焊点剖面图像。

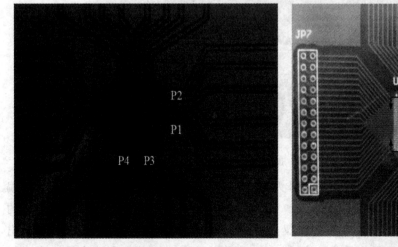

(a) BGA封装焊点　　　　　　　　　　　　　　　(b) QFP封装焊点

图 7.11　电路板金相试样剖面位置与磨向图

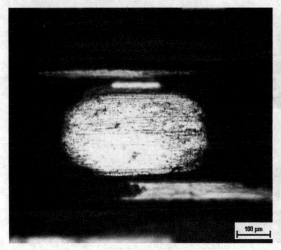
(a) BGA 封装焊点

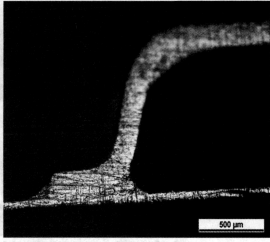
(b) QFP 封装焊点

图 7.12　电路板焊点剖面示意图

　　下面针对三组不同量级的随机振动载荷试验,按照封装类型对振动条件下的焊点失效模式进行分析。

7.2.1　BGA 焊点失效模式与机理分析

　　为了方便分析与描述,将一排 BGA 焊点按从左至右的顺序编号为 J1～J10,如图 7.13 所示。

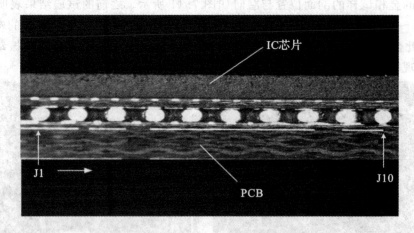

图 7.13　BGA 焊点编号示意图

　　(1) 随机振动载荷为 $20~g^2/\mathrm{Hz}$ 时,编号为 B1～B3 的电路板试件为单边固支方式,编号为 B4～B6 的电路板试件为四角固支方式。在进行金相分析时,选择 B1 与 B4 试件上的 BGA 封装为研究对象。B1 试件在远离悬臂梁夹具的 P4 排边角处的 2 个焊点 J1 和 J10 出现断裂,其中 J1 焊点发生了贯穿性完全断裂,J10 焊点出现部分断裂,失效模式均为近封装侧 IMC 层的脆性断裂,如图 7.14 与图 7.15 所示。

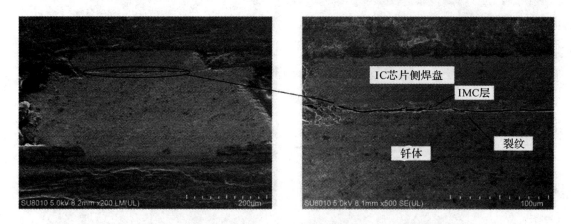

图 7.14　B1 试件 P4 排 J1 焊点近封装侧的 IMC 层出现裂纹

图 7.15　B1 试件 P4 排 J10 焊点近封装侧的 IMC 层出现裂纹

B4 试件在四角固定的条件下 P1 排边角焊点 J1 出现完全断裂,但失效部位发生了改变,裂纹出现在近 PCB 侧的 IMC 层,如图 7.16 所示。靠近 J1 焊点的 J2 焊点也出现了部分裂纹,失效部位仍然在近 PCB 一侧,如图 7.17 所示。

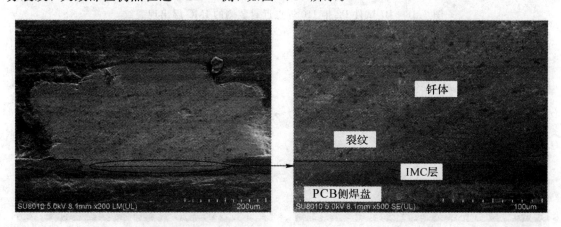

图 7.16　B4 试件 P1 排 J1 焊点近 PCB 侧的 IMC 层出现裂纹

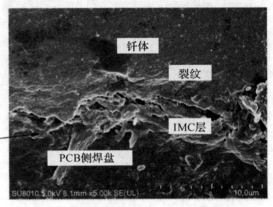

图 7.17　B4 试件 P1 排 J2 焊点近 PCB 侧的 IMC 层出现裂纹

（2）随机振动载荷为 10 g^2/Hz 时，编号为 B7～B9 的电路板试件为单边固支方式，编号为 B10～B12 的电路板试件为四角固支方式。在进行金相分析时，选择 B7 与 B10 试件上的 BGA 封装为研究对象。B7 试件 P2 排上的 J10 焊点发生部分断裂，裂纹出现在靠近封装侧 IMC 层，如图 7.18 所示。B10 试件的 P3 排的 J10 焊点发生断裂，裂纹也出现在靠近封装侧 IMC 层，并且向焊点内部有一定的扩展，如图 7.19 所示。

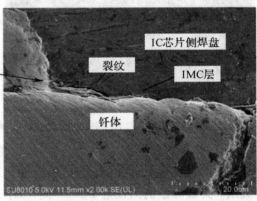

图 7.18　B7 试件 P2 排 J10 焊点近封装侧的 IMC 层出现裂纹

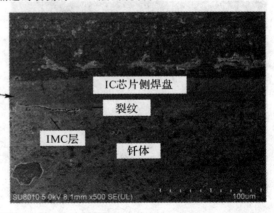

图 7.19　B10 试件 P3 排 J10 焊点近封装侧的 IMC 层出现裂纹并向焊点内部扩展

（3）随机振动载荷为 1 g^2/Hz 时，编号为 B13～B15 的电路板试件为单边固支方式，编号为 B16～B18 的电路板试件为四角固支方式。金相分析时，选择 B13 与 B16 试件上的 BGA 封装为研究对象。B13 试件 P4 排的 J2 焊点发生部分断裂，失效模式为近 PCB 侧的 IMC 层出现裂纹，如图 7.20 所示。B16 试件 P2 排的 J1 焊点发生断裂，失效模式为近 PCB 侧的 IMC 层萌生裂纹，并且裂纹向焊点内部有一定的扩展，如图 7.21 所示。

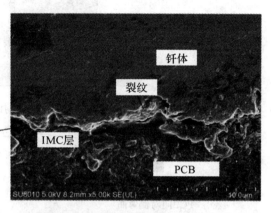

图 7.20　B13 试件 P4 排 J2 焊点近 PCB 侧的 IMC 层出现裂纹

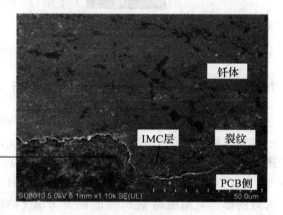

图 7.21　B16 试件 P2 排 J1 焊点近 PCB 侧的 IMC 层出现裂纹并向焊点内部扩展

从金相分析结果可以看出，BGA 焊点的失效模式主要有四种，如图 7.22 所示。模式 1、模式 2 分别代表在封装侧、PCB 侧发生断裂，其中模式 1.1 和模式 2.1 代表焊点 IMC 层发生断裂，模式 1.2 和模式 2.2 代表焊点 IMC 层发生断裂并且裂纹向钎体内部发生一定的扩展。

焊点在振动载荷下的失效机理主要是由于电路板试件中芯片基板与 PCB 的弯曲刚度不同，相比于 PCB 而言，BGA 封装结构可基本视为刚体，在往复的运动中 PCB 产生弯曲变形，在 BGA 焊点中形成拉、压的交变应力，如图 7.23 所示。可以看出，在 PCB 弯曲过程中，处于最边角的焊点承受的拉力与压力最为严重，也是最易产生裂纹的位置。而有研究表明，无铅焊点结构中，相比于钎体本身，IMC 层脆性较大，因此在外界应力下更易于发生断裂。

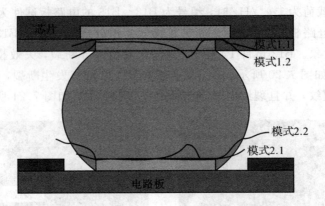

图 7.22　振动载荷下 BGA 焊点的主要失效模式

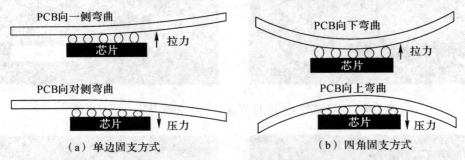

（a）单边固支方式　　　　　　　　　　（b）四角固支方式

图 7.23　振动载荷下 BGA 焊点的受力情况

7.2.2　QFP 焊点失效模式与机理分析

QFP 焊点失效模式分析方法与 BGA 焊点类似，选择 $20\ g^2/Hz$、$10\ g^2/Hz$ 和 $1\ g^2/Hz$ 三种量级振动载荷下的电路板试件 A1 与 A4、A7 与 A10、A13 与 A16 上的 QFP 封装焊点进行打磨、抛光，并采用光学显微镜观察焊点裂纹形貌。

通过对 QFP 焊点裂纹萌生位置进行统计分析，发现焊根或焊趾是 QFP 焊点最易发生失效的部位，而电路板试件的固支方式（单边/四角）对焊点失效模式的影响并不显著。QFP 焊点典型的开裂位置与扩展方式如图 7.24～图 7.26 所示。

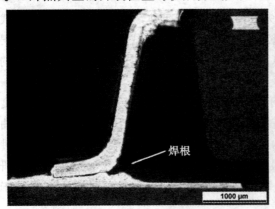

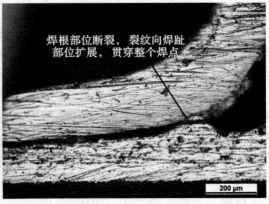

图 7.24　QFP 焊点的焊根部位发生断裂

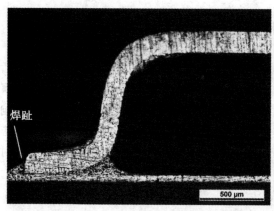 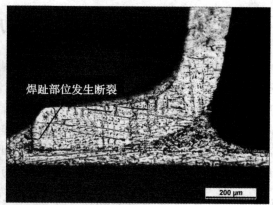

图 7.25　QFP 焊点的焊趾部位发生断裂

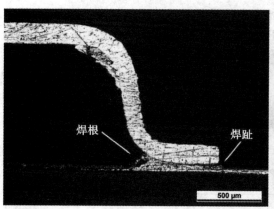 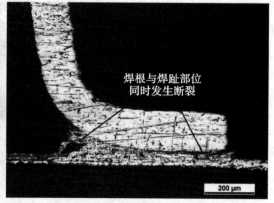

图 7.26　QFP 焊点的焊根部位与焊趾部位都发生断裂

　　QFP 焊点的失效模式总结起来主要有两种：一种是裂纹从焊根部位开始萌生，沿引线与焊点界面扩展，最后在引脚末端的界面处完全断裂，如图 7.27(a)所示；另一种是裂纹从焊趾部位开始萌生，沿引线与焊点的界面延伸直至最终断裂，如图 7.27(b)所示。

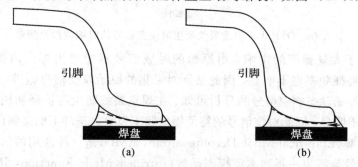

图 7.27　QFP 焊点裂纹扩展示意图

　　QFP 焊点的失效机理与 BGA 焊点类似，同样是由 PCB 翘曲产生的交变应力引起的。通过分析 QFP 焊点的断裂方式可知，芯片引脚与焊点之间的 IMC 层界面是最易失效的位置，这也是由无铅焊点的 IMC 层脆性较大导致的。在机械振动过程中，焊点无法通过塑性形变吸收大量的机械能，大部分能量传递到 IMC 层，最终导致其发生脆性断裂。

7.3　焊点结构动态响应信号分析

通过对失效焊点的金相分析，可以明确焊点的失效模式与失效机理，但是这属于事后分析的手段，不足以用来分析焊点失效的整个过程。由于焊点在振动载荷下的断裂失效属于脆性断裂，因此在焊点失效进程中，伴随着焊点裂纹的萌生与扩展，焊点结构的动态响应信号势必会发生异常变化，同时在实际工作环境中，若能通过对被监测焊点的动态响应信号分析，提取出信号中包含的焊点故障特征，及时判断出焊点是否处于异常状态，则对于实现电路板的视情维修来说，其应用意义与价值不言而喻。

7.3.1　应变响应信号分析

以 7.1 节振动疲劳试验中 A1 电路板试样上焊点出现微裂纹但尚未完全扩展时所采集的 PCB 背侧对应区域的应变信号为例，其原始应变信号的时域波形与频谱如图 7.28 所示。此时 QFP 器件的电参数测量正常，焊点的电压值基本没有变化。

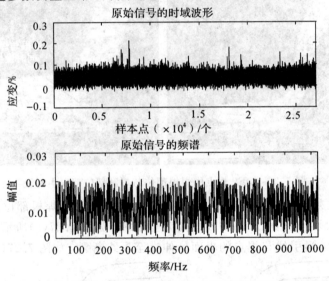

图 7.28　QFP 焊点出现裂纹萌生时应变信号的时域波形及频谱

可以看出由于大量噪声的影响，由原始的时域信号不能看出焊点内部存在的故障特征，频域的故障特征频率也不明显，因此必须对采集的原始应变信号做进一步处理。

通过对焊点原始动态响应信号的分析可知，在焊点裂纹萌生与扩展初期，由于潜在的微弱故障信号特征不明显，因此对该信号的特征提取属于强噪声条件下的微弱信号检测问题。

经验模态分解（Empirical Mode Decomposition，EMD）是一种常用的信号滤波方法，它将非线性平稳信号分解为一系列本征模态函数（Intrinsic Mode Function，IMF）和一个残差项的和，通过去除原始信号中的主要包含噪声信息的高频 IMF 分量实现滤波。但由于EMD 分解出的高频 IMF 分量中也包含一定的有用信息，直接去除必然也会将这些有用信息连同噪声一起滤掉，因此仅仅利用 EMD 方法进行滤波还远远不够。

谱峭度法（Spectral Kurtosis，SK）是一种强噪声条件下的微弱信号检测方法，它通过检测信号每根谱线上的峭度，发现并指出信号中隐藏的非平稳成分所在频率。目前谱峭度法已成功应用于轴承等机械振动系统的早期故障诊断。本节将该方法与经验模态分解方法相结合应用于板级焊点结构动态响应信号的特征提取。

1. 谱峭度法检测故障信号特征信息原理

根据 Antoni 等人对谱峭度的研究，将非平稳信号 $X(t)$ 的谱峭度 $K_X(f)$ 定义为能量归一化的四阶谱累积量，即

$$K_X(f) \triangleq \frac{C_{4X}(f)}{S_{2X}^2(f)} = \frac{S_{4X}(f)}{S_{2X}^2(f)} - 2 \qquad (f \neq 0) \tag{7.1}$$

$$C_{4X}(f) = S_{4X}(f) - 2S_{2X}^2(f) \tag{7.2}$$

式中，$C_{4X}(f)$ 为 $X(t)$ 的四阶谱累积量，$S_{2nX}(t, f)$ 为 $2n$ 阶时间平均矩。

设一个条件非平稳随机过程 $Y(t) = X(t) + N(t)$，其中 $N(t)$ 为独立于 $X(t)$ 的加性白噪声信号，则 $Y(t)$ 的谱峭度为

$$K_Y(f) = \frac{K_X(f)}{(1 + \rho(f))^2} \qquad (f \neq 0) \tag{7.3}$$

式中，$K_X(f)$ 为信号 $X(t)$ 的谱峭度，$\rho(f)$ 为噪信比，其定义为

$$\rho(f) = \frac{S_{2N}(f)}{S_{2X}(f)} \tag{7.4}$$

根据式 (7.3) 可知，在信号噪信比很高的频率处，$K_Y(f)$ 趋于零值；在噪信比很低的频率处，$K_Y(f) \approx K_X(f)$。因此通过计算并搜索整个频域的谱峭度，确定最大谱峭度频带，即为信号 $X(t)$ 所在频带。

2. 基于最大谱峭度原则的板级焊点故障信号 EMD 滤波方法

首先将板级焊点结构的动态应变响应信号通过 EMD 方法分解成若干 IMF 分量；其次利用谱峭度法计算高频 IMF 分量的快速谱峭度图，基于最大谱峭度原则，构造并确定带通滤波器的中心频率与频带，逐个对这些 IMF 分量进行滤波；最后通过傅里叶变换计算重构动态应变信号的包络谱，提取能够表征板级焊点故障的特征频率作为特征向量。整个算法流程如图 7.29 所示。

3. 滤波性能验证

利用 EMD 方法对前述 A1 电路板试样背侧的应变信号进行分解，得到 11 个 IMF 分量，如图 7.30 所示。利用谱峭度的方法对主要存在噪

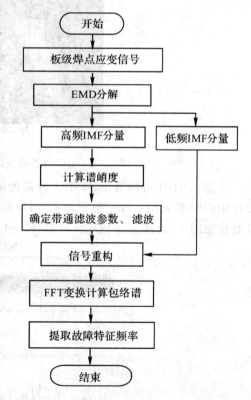

图 7.29　板级焊点故障信号滤波流程

声的前 3 个高频分量，即 IMF1、IMF2 和 IMF3 分量进行谱峭度分析。以 IMF1 分量为例，对 IMF1 分量进行谱峭度分析，可得到 IMF1 分量的快速谱峭度图，如图 7.31 所示。

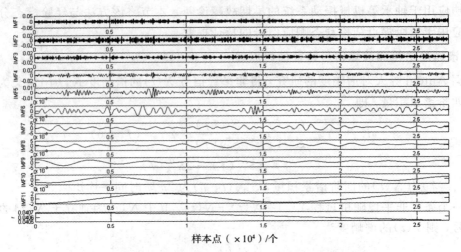

图 7.30 QFP 焊点应变信号经 EMD 分解后的结果

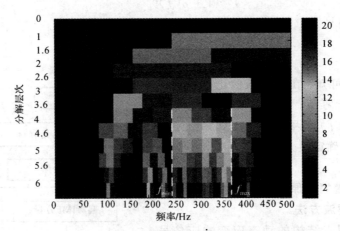

图 7.31 QFP 焊点应变信号的 IMF1 分量快速谱峭度图

从图 7.31 中可以看出，IMF1 分量的最大谱峭度所在频带范围为 250～370 Hz。因此设计中心频率为 310 Hz、带宽为 120 Hz 的带通滤波器对 IMF1 分量进行滤波，滤波前后信号对比如图 7.32 所示。同理，对 IMF2 和 IMF3 分量滤波处理后进行信号重构，并对重构

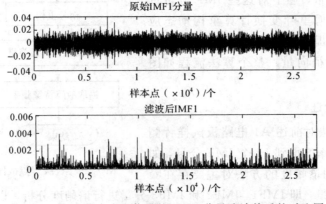

图 7.32 QFP 焊点应变信号的 IMF1 分量滤波前后的对比图

信号进行平方包络，通过傅里叶变换求出包络谱，如图 7.33 所示。

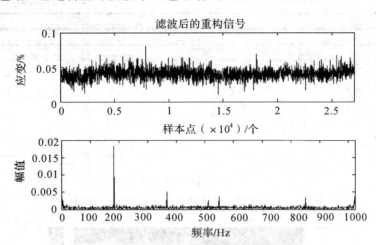

图 7.33   滤波后的 QFP 焊点重构信号及其包络谱

对比图 7.33 与图 7.28 可以清晰地看出，进行基于最大谱峭度原则的 EMD 滤波后，反映焊点微裂纹出现的特征频率为 183 Hz，因此可以将滤波后的包络谱作为表征封装结构潜在故障的征兆向量，在 QFP 焊点发生故障前对其进行异常检测。

同理，对 B1 电路板试样上焊点出现微裂纹但尚未完全扩展时所采集的 PCB 背侧对应区域的应变信号进行分析，其原始信号的波形如图 7.34 所示。

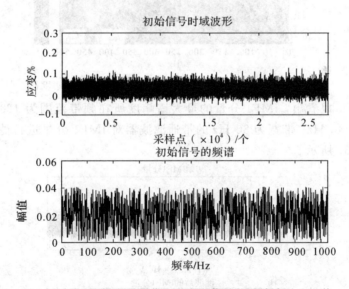

图 7.34   BGA 焊点裂纹萌生时应变信号的时域波形及频谱

通过图 7.34 可以看出，和 QFP 焊点应变信号相似，焊点的电压值基本没有变化，其时域信号不能对封装中存在的潜在故障进行有效表征，频域的潜在故障特征频率也不明显。用 EMD 方法对应变信号进行分解，得到 10 个 IMF 分量，如图 7.35 所示。

以 IMF1 分量为例，对 IMF1 分量进行谱峭度分析，可得到 IMF1 分量的快速谱峭度图，如图 7.36 所示。

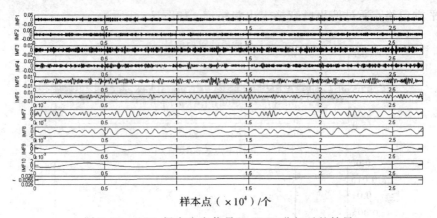

图 7.35　BGA 焊点应变信号经 EMD 分解后的结果

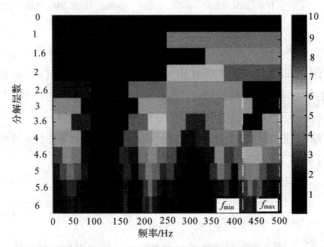

图 7.36　BGA 焊点应变信号的 IMF1 分量快速谱峭度图

　　从图 7.36 中可以看出，IMF1 分量的最大谱峭度所在频带范围为 420～500 Hz，因此设计中心频率为 440 Hz、带宽为 80 Hz 的带通滤波器对 IMF1 分量进行滤波，滤波前后的信号对比如图 7.37 所示。

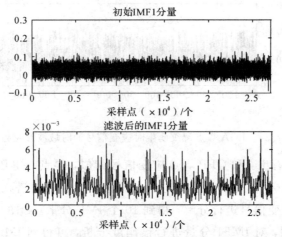

图 7.37　BGA 焊点应变信号的 IMF1 分量滤波前后对比图

同理，对 IMF2 和 IMF3 分量滤波处理后进行信号重构，并对重构信号进行平方包络，通过傅里叶变换求出包络谱，如图 7.38 所示。对比图 7.38 与图 7.34 可以清晰地看出，BGA 焊点微裂纹出现的特征频率为 215 Hz。因此，对于 BGA 焊点，同样可以将滤波后的包络谱作为表征封装结构潜在故障的征兆向量，在 BGA 焊点发生故障前对其进行异常检测。

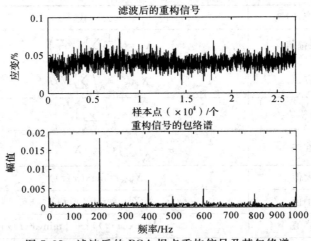

图 7.38　滤波后的 BGA 焊点重构信号及其包络谱

7.3.2　焊点电信号分析

两种焊点实时电压信号的监测结果示意图如图 7.39 所示。从时间轴上可以看出：在试验前、中期，焊点电压基本没有变化；试验后期，当焊点出现一定程度断裂时，菊花链的电阻开始明显增大，其动态电压值也随之增大，并出现了反复振荡及突变现象，这反映了焊点在 PCB 弯曲过程中由开裂到闭合的动态过程。焊点在振动过程中，一方面在目标载荷的作用下交替承受着 PCB 施加的压力和拉力；另一方面，由于 PCB 的翘曲效应，焊点加速度达到峰值的时刻提前于 PCB 发生最大弯曲变形的时刻，导致焊点受到压缩和拉伸作用，焊点变形积累到一定的量级可能导致焊点产生脆性断裂。焊点裂纹萌生后，在振动中开开合合，电阻相应发生变化。焊点裂纹张开，电阻增大；裂纹闭合，电阻减小。焊点电阻的变化可能导致焊点在振动环境中出现间歇性失效，这对于电子设备的可靠性来说是极大的安全隐患，尤其值得注意。

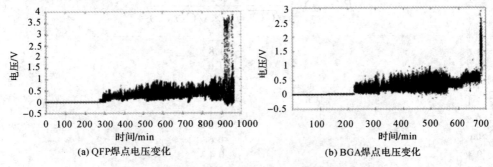

图 7.39　随机振动载荷下焊点电压信号变化图

1. 焊点状态信号时域统计量

统计分析是研究随机信号的一种有效方法，它是从统计的观点来描述随机信号的时域统计特性。传感器信号经过滤波后，根据统计分析方法，可从滤波后的信号中提取出一系列的时域特征值。选取方根幅值、均方值、平均幅值、标准差、最大值、最小值、峰峰值、方差、峭度因子、波形因数等 10 个时域统计量进行相关性和显著性分析，如表 7.10 所示。

表 7.10　时域统计量

时域统计量	公　式
方根幅值	$X_r = \left(\dfrac{1}{n}\sum\limits_{i=1}^{n}\sqrt{x_i}\right)^2$
均方值	$X_{RMS} = \sqrt{\sum\limits_{i=1}^{n} x_i^2/n}$
平均幅值	$\bar{X} = \dfrac{1}{n}\sum\limits_{i=1}^{n}|x_i|$
标准差	$\sigma = \sqrt{\sum\limits_{i=1}^{n}(x_i-\bar{X})^2/n-1}$
最大值	$X_{max} = \max(x(t))$
最小值	$X_{min} = \min(x(t))$
峰峰值	$X_{FF} = |\max(x(t))| + |\min(x(t))|$
方差	$D = \dfrac{1}{n}\sum\limits_{i=1}^{n}(x_i-\bar{X})^2$
峭度因子	$K_q = \sum\limits_{i=1}^{n} x_i^4/\sigma^4$
波形因数	$K_b = X_{RMS}/\bar{X}$

注：$x(t)$ 为信号序列，x_i 表示信号序列中第 i 个值。

图 7.40 为随机振动载荷下样本的 10 个时域统计量序列。为了测定焊点电压信号的 10 个时域统计量作为退化量是否存在冗余，采用皮尔逊(pearson)相关系数度量不同退化量之间的线性相关性，根据线性相关程度将退化量分类。

皮尔逊相关系数用相关度 $R(i,j)$ 表示序列 i 与序列 j 的线性相关程度，如式 7.5 所示。绝对相关系数趋于 1，表示序列线性相关度越高；趋于 0，表示序列线性相关度越低。表 7.11 为相关系数对应的相关程度的经验解释。

$$R(i,j) = \frac{C(i,j)}{\sqrt{C(i,i)} \times \sqrt{C(i,i)}} \tag{7.5}$$

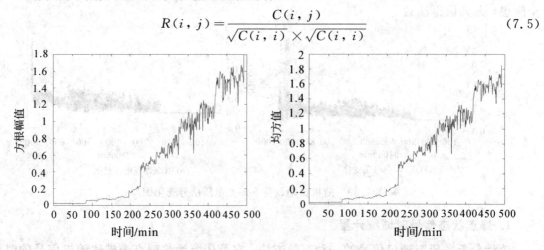

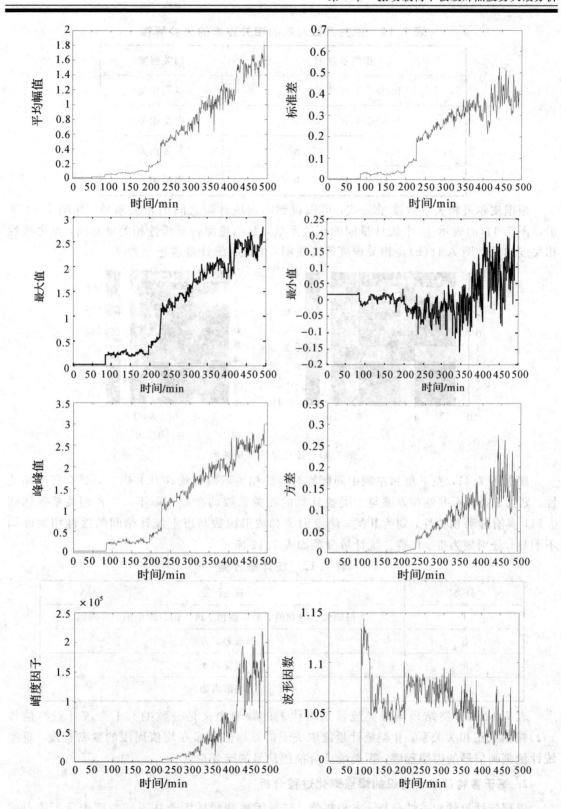

图 7.40　随机振动载荷下电压信号统计量

表 7.11　相关系数对应的相关程度的经验解释

相关系数 R	相关程度
$0.00{\leqslant}\mid R \mid<0.30$	微弱相关
$0.30{\leqslant}\mid R \mid<0.50$	中度相关
$0.50{\leqslant}\mid R \mid<0.80$	显著相关
$0.80{\leqslant}\mid R \mid<1.00$	高度相关

根据皮尔逊相关系数度量公式，可以得到不同统计量之间的相关系数，如图 7.41 所示。图 7.41(a)表示 10 个统计量间的相关系数，颜色越深表示线性相关度越高，反之线性相关度越低。图 7.41(b)是相关程度等高线图，由此对统计量进行分类。

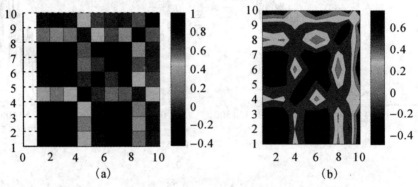

图 7.41　统计量线性相关度

根据图 7.41，左下角和左侧中间区域对应的相关系数值均在 0.8 以上，具有高度相关性，划为Ⅰ类；标准差和方差与Ⅰ类统计量的相关系数均在 0.7 以下，二者相关系数达到 0.71，具有显著相关性，划为Ⅱ类；峭度因子和波形因数与以上统计量间的线性相关度均不明显，分别划为Ⅲ、Ⅳ类。统计量分类如表 7.12 所示。

表 7.12　统计量分类

分类	统 计 量
Ⅰ	方根幅值、均方值、平均幅值、最大值、最小值、峰峰值
Ⅱ	标准差、方差
Ⅲ	峭度因子
Ⅳ	波形因数

表 7.12 的分类结果与每类统计量所代表的数学含义是一致的。Ⅰ类统计量与信号 $x(t)$ 幅值成正相关关系；Ⅱ类统计量值取决于信号幅值分布在均值周围的紧密程度；Ⅲ类统计量刻画信号的尖翘程度；Ⅳ类统计量描述信号的畸变程度。

2. 基于多特征融合辨识的焊点退化过程分析

根据统计量的相关性分析，方根幅值、波形因数和峭度因子从不同角度表征了焊点的退化过程，也分别从属于不同的分类。将这三个统计量结合起来，可对焊点退化过程中的拐点进行辨识。

图 7.42 所示为随机振动载荷下焊点退化过程。方根幅值体现了焊点渐变的退化过程，而波形因数和峭度因子对焊点失效状态更为敏感。从图 7.42 分析发现，波形因数对焊点初期失效较为敏感，在试验进行到 321 分钟时信号发生畸变，电压方根幅值从 10^{-3} 级变化到 10^{-1} 级，裂纹开始萌生。在此后的过程中，焊点畸变程度逐渐减小，焊点裂纹开始缓慢扩展。峭度因子对焊点后期加速失效阶段较为敏感。当焊点经历了累积失效后，在试验进行到 802 分钟时发生脆性断裂，并进入加速失效阶段。随后信号变化较为剧烈，最终彻底失效。

根据方根幅值的变化趋势和两种统计量所识别的损伤状态，在初始阶段，焊点状态完好，数据平稳，表明未有裂纹萌生；当裂纹出现后，信号发生畸变，电压方根幅值逐渐增大，表明焊点裂纹萌生并扩展；最后，信号尖翘程度显著增加，焊点处于加速失效阶段，直至焊点彻底失效。

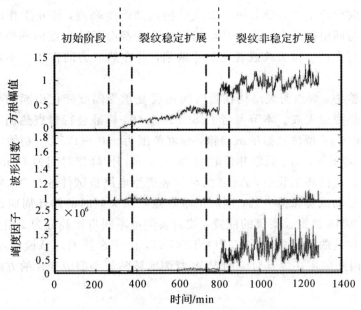

图 7.42　随机振动载荷下焊点退化过程

第8章 温度载荷下板级焊点疲劳失效研究

8.1 焊点热循环试验

热循环试验通过将电路板试件放置在高、低温周期变化的环境中来模拟温度交替变化对电子封装机械与电气性能的影响，是评估焊点结构热力学可靠性的一种重要试验方式。当电子设备工作时会产生焦耳热，使得焊点结构内部产生高温，停止工作时温度降低，这种周期性的通电与断电以及电子设备环境温度的改变都会导致焊点内部热应力的产生，在应力集中的部分首先产生微裂纹或者孔洞等缺陷，并在热应力的作用下不断扩展，最终导致焊点断裂。

在热循环试验中，焊点封装结构在短时间内反复承受温度变化引起的交变应力，能够有效激发焊点的热疲劳失效。本节参考 JESD22 - A104 标准进行焊点热循环试验，热循环试验设备为 TH402 - 5 型快速温度试验箱，温度范围为 −40~125℃，初始温度为 25℃，每个热循环周期为 50 min，高、低温驻留时间为 10 min，升/降温时间为 15 min，温度循环曲线如图 8.1 所示。热循环试验中，A、B 两种封装类型电路板试件各 8 个，判断焊点是否完全失效的标准与振动试验保持一致，同时记录焊点首次失效时的循环周期数。为加快试验进度，根据 MI - 7016 数据采集仪的配置，按封装类型不同将试验分为 2 组进行，每组试验包括 8 个同类型封装的电路板试件（QFP 或 BGA），由于在热循环试验中不涉及电路板模态振型的因素，因此采用在焊点对应的 PCB 背侧区域贴装小型应变片的方法实现对其动态应变信号的采集。

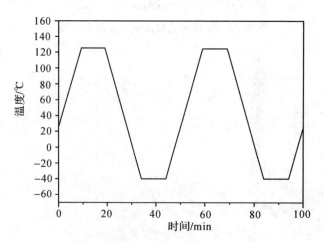

图 8.1 热循环试验中的温度循环曲线

热循环试验后发现，处于外侧边角的焊点最易发生开裂，这与振动试验的结果是一致的。统计并记录焊点最先失效的循环周期数,如表 8.1 所示。通过分析数据可以发现,BGA 封装焊点的热疲劳寿命普遍要高于 QFP 焊点,这与振动试验的结果恰好相反。这说明对于不同封装类型的焊点,其振动可靠性与温度可靠性会存在差异,并不存在正相关关系,所以应该根据电子组件的工作环境来选择合适的封装形式。

表 8.1　热循环试验后焊点疲劳寿命

试件编号	电路板类型	焊点疲劳寿命/周	焊点疲劳寿命均值/周
A19	A	213	209.3
A20		193	
A21		177	
A22		203	
A23		256	
A24		229	
A25		196	
A26		207	
B19	B	326	301
B20		295	
B21		316	
B22		302	
B23		279	
B24		287	
B25		295	
B26		311	

8.2　焊点热疲劳失效模式与机理分析

在热循环载荷作用下,无论针对 BGA 封装焊点还是 QFP 封装焊点,焊点结构中各种材料的热膨胀系数(Coefficient of Thermal Expansion,CTE)不匹配是导致焊点裂纹萌生与扩展的主要原因。通常情况下,芯片基板的热膨胀系数约为 12 ppm/℃,半导体硅片的热膨胀系数约为 2.5 ppm/℃,而 FR-4 材料印刷电路板的热膨胀系数是 15 ppm/℃左右。FR-4 材料印刷电路板的热膨胀系数显然要大于电子元器件整体的热膨胀系数。因此在热循环载荷作用下,在焊点内部会产生周期性的应力,而焊点应力集中的部分会发生塑性变形和蠕变,进而引发裂纹的萌生、扩展,直至贯穿整个焊点。

与前面焊点振动疲劳失效模式分析的方法类似,采用扫描电子显微镜与光学显微镜对焊点的裂纹萌生与扩展方式进行观察分析。

以 BGA 焊点为例,研究发现在温度载荷条件下 BGA 封装焊点有五种主要失效模式,如图 8.2 所示。模式 1:裂纹在靠芯片侧 Cu 焊盘与 IMC 层的交接处萌生并沿 Cu 焊盘与

IMC 层的交界处扩展。模式 2：裂纹在靠芯片侧焊球与 IMC 层的交界处萌生并沿着焊球与 IMC 层交界面扩展。模式 3：裂纹在焊球中萌生并在焊球中扩展最终贯穿整个焊球。模式 4：裂纹在 PCB 侧焊球与 IMC 层的交界处萌生并沿着焊球与 IMC 层交界处扩展最终横穿整个焊球。模式 5：裂纹在 PCB 侧 Cu 焊盘与 IMC 层交界处萌生并沿着 Cu 焊盘与 IMC 层交界面扩展。除了此上五种失效模式，BGA 封装焊点的裂纹有时也萌生在焊球中，起初在焊球中扩展，最终贯穿 IMC 层并扩展直至焊点完全失效。

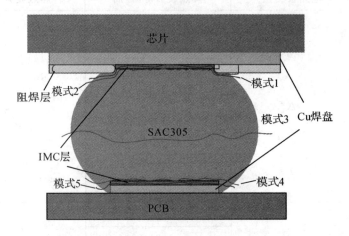

图 8.2 焊点失效模式

Cu 焊盘的偏移、失效以及阻焊层的断裂都会破坏焊球的机械、电气连接，从而造成封装器件的功能失效。在温度载荷作用过程中，由于各材料之间热膨胀系数的差异，在各交界处存在应力集中，此类交界处也是裂纹首先形成并萌生的地方，并且由于焊点中缺陷（孔洞、微裂纹等）部位也存在应力集中，所以裂纹也易在此类区域形成并萌生。

8.2.1 焊点裂纹的萌生

对试验结果进行统计，可知焊点裂纹主要萌生在焊球钎体两端相邻两种材料之间交界面处及其附近钎体内，裂纹萌生区域的具体统计如表 8.2 所示。

表 8.2 焊点萌生区域概率

区 域	概率（%）
靠 PCB 侧 IMC 与钎体交界处	24
靠 PCB 侧钎体内	15
靠 PCB 侧钎体与阻焊层交界处	31
靠芯片侧钎体内	12
靠芯片侧钎体与阻焊层交界处	28

由于不同材料热膨胀系数的差异以及弹性模量的不同，在温度循环的过程中，这些区域存在应力集中；随着温度的循环变化，焊点周期性地承受着拉伸、剪切作用，最终在应力集中的区域产生裂纹。

在温度循环范围 $-40\sim85℃$，爬升速率 $5℃/min$，驻留时间 20 min 条件下，在两处区域出现了较为明显的裂纹。一处出现在焊点靠 PCB 侧焊盘与焊球钎体交界区域，此处发现两种裂纹萌生，其一在钎体与 IMC 层交界处发现了较大裂纹，称之为主裂纹，其二在主裂纹附近钎体内发现了数条微裂纹，如图 8.3 所示，其中右图为左图的区域放大图。另一处出现在靠芯片侧焊球与阻焊层、焊盘交界区域的钎体内，此处裂纹表现为树突型，如图 8.4 所示，其中右图为左图的区域放大图。

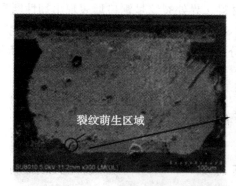

图 8.3　靠 PCB 侧焊盘附近裂纹

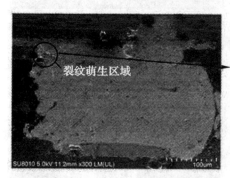

图 8.4　靠芯片侧左边树突型裂纹

在温度循环范围−40～125 ℃，爬升速率 5 ℃/min，驻留时间 20 min 条件下，焊点表现出四种裂纹萌生模式。第一种：在焊点靠芯片侧钎料与阻焊层交界区域都出现较为明显的裂纹，裂纹呈反"L"形态，如图 8.5 所示，其中图 8.5(a)为裂纹萌生区域示意图，图 8.5(b)为反"L"型裂纹放大图。第二种：在焊点靠 PCB 侧钎体内较大的结晶块处及其附近

（a）靠芯片侧焊点裂纹萌生位置　　　　　　（b）靠芯片侧左边反"L"型裂纹

图 8.5　靠芯片侧反"L"型裂纹

IMC 层中发现裂纹的萌生，裂纹沿着结晶块与钎料界面呈倒"U"型，在临近的 IMC 层中也出现了"1"字型裂纹，并且 IMC 层中也有微小的横向及斜向裂纹产生；从尺寸上来看，结晶块与钎料边界处"U"型裂纹＞IMC 层中"1"字型裂纹＞IMC 层中斜向裂纹＞IMC 层中横向裂纹，具体结果如图 8.6 所示，其中右图为左图的区域放大图。第三种：在靠 PCB 侧阻焊层与钎料的交界处出现了混合型横向"Y"型裂纹，在两种材料交界处裂纹呈锯口形表现出韧性断裂，而在阻焊层内裂纹呈刀切形表现出脆性断裂，如图 8.7 所示，其中右图为左图的区域放大图。第四种：在左下角钎体边缘处出现横向裂纹，部分裂纹已延伸到 IMC 层中，如图 8.8 所示。

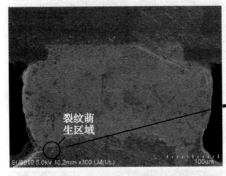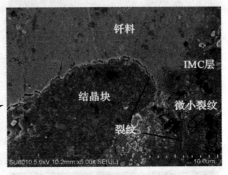

图 8.6　靠 PCB 侧结晶块处及 IMC 层中裂纹

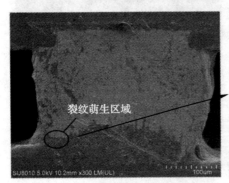

图 8.7　靠 PCB 侧"Y"型裂纹

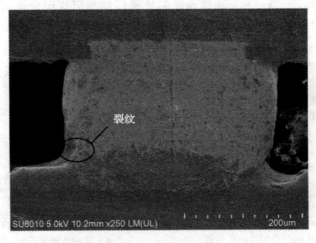

图 8.8　靠 PCB 侧钎体内横向裂纹

在温度循环范围－40～125 ℃，爬升速率 20 ℃/min，驻留时间 20 min 条件下，三处区域出现了较为明显的裂纹。一处出现在靠 PCB 侧钎料与阻焊层交界区域，裂纹在此区域多处萌生，如图 8.9 所示，此种失效模式在第三、四组试验下都有出现。另一处裂纹出现在靠 PCB 侧阻焊层与钎料交界处钎料体内，紧挨着 Cu 焊盘，如图 8.10 所示。第三处裂纹出现在靠 PCB 侧较大结晶块与钎料交界处的钎体内，此处还出现了较小的结晶块，裂纹正好在相邻的两个结晶块之间萌生，具体如图 8.11 所示。

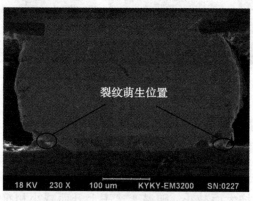

（a）靠 PCB 侧裂纹萌生位置

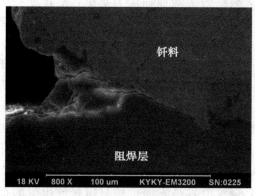

（b）靠 PCB 侧左边裂纹

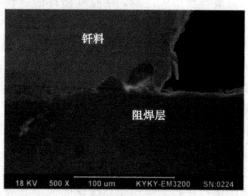

（c）靠 PCB 侧右边裂纹

图 8.9　靠 PCB 侧钎料与阻焊层交界处裂纹

（a）靠 PCB 左边裂纹

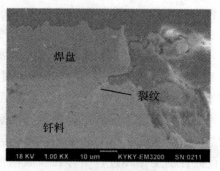

（b）靠 PCB 右边裂纹

图 8.10　靠 PCB 侧钎料体内裂纹

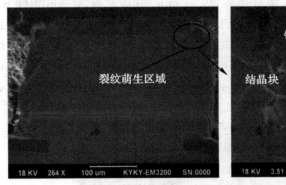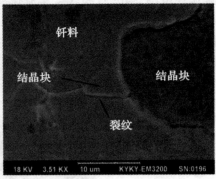

图 8.11 靠 PCB 侧结晶块处裂纹

8.2.2 焊点裂纹的扩展

通过分析温度循环试验后焊点的破坏程度及其裂纹扩展长度、角度可知，随着电子封装服役温度范围的增大以及温变速率的加快，焊点损伤加剧。这与温度循环模拟中得出的焊点寿命随温度范围增大而减小，随温变速率上升而减小相符。

当微裂纹形成之后，在温度循环的过程中，裂纹的尖端存在应力集中，使其进一步扩展。由于再结晶形成的结晶界面为裂纹的扩展提供了更优的路径，因此 IMC 层生长而形成的凹凸不平的界面也为裂纹的扩展提供了便利。通过对五组试验结果进行分析，第一、二组试验没有发现裂纹，在其余三组试验中发现了四类裂纹扩展方式。第一类：裂纹在钎体内萌生并在钎体内扩展。第二类：裂纹在 IMC 层与钎体交界面或阻焊层与钎体交界面萌生并沿着此界面扩展，最后进入钎体内扩展。第三类：裂纹在 IMC 层中萌生并在 IMC 层中扩展。第四类：裂纹在钎体内萌生，但最后撕裂 IMC 层在 IMC 层中扩展。下面对这四类裂纹扩展方式进行详细分析。

第一类裂纹扩展方式如图 8.12 所示，图 8.12(a)中显示了裂纹沿着晶界面扩展，由于晶块的滑移错位，在相邻晶体之间形成晶界面，裂纹沿着晶界面扩展只需释放很少的存储能，因此裂纹更倾向于沿着晶界面扩展。图 8.12(b)显示了裂纹在钎体内萌生并在钎体内扩展，从图中可以看出有一条主裂纹，而其他较小的裂纹沿着主裂纹向四周呈脆性扩展，从而形成树突型裂纹；伴随着裂纹的扩展，裂纹周围散布着许多结晶碎片。图 8.12(c)显示了裂纹在钎体内萌生，裂纹两端都有晶界面的存在，且晶界面之间也出现了微小的裂纹，由此可见，裂纹两端沿着晶界面在钎体内扩展。

第二类裂纹扩展方式如图 8.13 所示，图 8.13(a)中显示出裂纹首先在钎体与 IMC 层交界处萌生，开始沿着此界面向上扩展，最后进入钎体内；裂纹在钎体与 IMC 层扩展时表现出脆性断裂，进入钎体内后则表现出韧性断裂。图 8.13(b)显示了裂纹在钎体与阻焊层界面形成"L 型"，然后垂直向下在钎体内扩展；在钎体内裂纹的周围出现了大量的钎料碎末，表明此处在温度循环过程中存在较大的应力集中，并在反复的挤压力作用下，最终导致焊球破坏，裂纹向钎体内韧性扩展。

第三类裂纹扩展方式如图 8.14 所示，裂纹在靠 PCB 侧钎体与 IMC 层界面处产生，然后平行于焊盘在 IMC 层中扩展。此裂纹的断裂方式为混合型，在 IMC 层与钎体交界处有

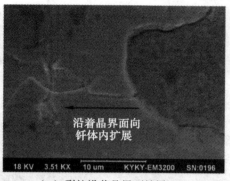

（a）裂纹沿着晶界面扩展

（b）裂纹向四周扩展

（c）裂纹在钎体内扩展

图 8.12　裂纹在钎体内萌生并扩展

（a）裂纹在钎体与 IMC 层界面处萌生向钎体内扩展

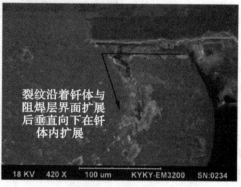

（b）裂纹向钎体内扩展

图 8.13　裂纹在交界面处萌生并向钎体内扩展

韧性拉扯痕迹，裂纹呈锯齿形状，表现出韧性断裂；由于 IMC 层脆性较大，裂纹在 IMC 层中表现出脆性断裂。

　　第四类裂纹扩展方式如图 8.15 所示，裂纹在 PCB 侧的钎体内萌生，然后在钎体内扩展，最后向下撕裂 IMC 层进入其中并扩展。此裂纹既有脆性断裂也有韧性断裂，属于混合型断裂，在裂纹的首段和末段有韧性拉扯痕迹，属于韧性断裂，而在中段裂纹呈直线，属于脆性断裂。

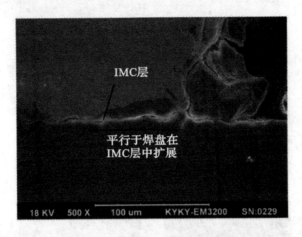

图 8.14　裂纹在 IMC 层中扩展

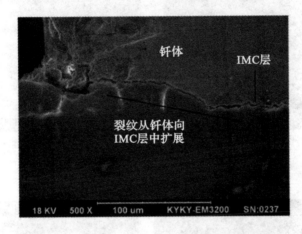

图 8.15　裂纹先后在钎体和 IMC 层中扩展

在焊点两相邻材料的交界面处产生的裂纹一般属于脆性断裂，然而随着裂纹向钎体内扩展，断裂方式则变为韧性断裂。焊点处于低温环境时，焊点的脆性较大，因此表现为交界面处的脆性断裂。当环境温度升高时，焊点屈服应力与弹性模量降低，导致焊点的塑性有所提高，界面应力有一部分被钎体吸收，裂纹向钎体扩展，表现为脆性断裂与韧性断裂的混合模式。当周围环境温度很高时，焊点主要表现为塑性，因此裂纹开始出现在钎体内，表现为韧性断裂，但当温度降到很低时焊点表现为脆性，并且 IMC 层较钎体脆性较大，从而使裂纹向 IMC 层扩展，表现为韧性断裂与脆性断裂的混合模式。同时，值得注意的是，焊点靠 PCB 侧的破坏程度比靠芯片侧的破坏程度要大。由于试验件 PCB 尺寸较芯片大得多，因此在温度循环的过程中，焊点靠 PCB 侧所受的拉伸、剪切力较芯片侧要大，从而破坏更大。

8.3　焊点微观组织变化

进一步，以 BGA 焊点为例，对靠近 PCB 的 IMC 层进行 EDS（Energy Dispersive X‑Ray Spectroscopy，能量色散 X 射线光谱，简称能谱）分析，得到 IMC 层的能谱分析图，如图 8.16 所示。通过对分布在 IMC 层界面附近尺寸较大颗粒的分析，发现 Cu 和 Sn 两种元素的原子比例约为 6∶5，因此可推断为 Cu_6Sn_5 金属间化合物颗粒。有研究表明，在热循环过程中，Cu_6Sn_5 金属间化合物会逐渐长大，会对焊点裂纹的扩展方式产生影响。在较大的 Cu_6Sn_5 金属间化合物颗粒附近，裂纹近似直线，而在金属间化合物颗粒簇之间，裂纹呈网状形态。

同时，发现在 IMC 层开裂部位附近存在大量的微小空洞，如图 8.17 所示。这些微小空洞的形成与诸多因素有关，比如 PCB 布线时，有时需要通过通孔与内部或对层进行连接，在焊接过程中通孔处极易出现钎料不足的情况，从而产生空洞。此外，焊点的工艺参数，包括焊盘设计及表面处理工艺等也是焊点产生空洞的重要原因。正常情况下，这些微小的空洞虽然会使钎料强度有所降低，但不会对焊点可靠性产生太大影响。但是，当外界温度载荷使焊点本身应力水平很高时，处于边角焊点的高应力集中区域的空洞就会成为焊点裂纹萌生的诱因。

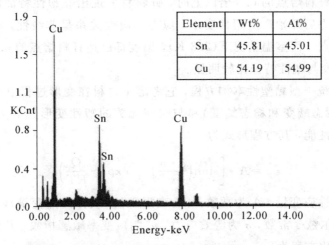

Element	Wt%	At%
Sn	45.81	45.01
Cu	54.19	54.99

图 8.16　BGA 焊点靠近 PCB 一侧的 IMC 层 EDS 谱线

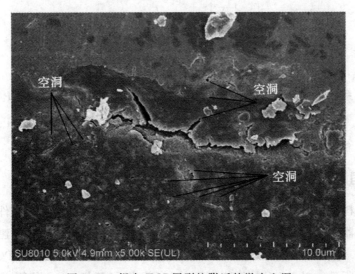

图 8.17　焊点 IMC 层裂纹附近的微小空洞

8.4 焊点有限元仿真辅助研究

焊点在温度载荷下的断裂失效属于韧性断裂，通过对焊点结构的动态响应信号分析，并没有检测出能够明显表征焊点故障的特征信号，这也印证了焊点在温度载荷下的失效过程是一个缓慢的塑性变形过程。因此，为进一步分析焊点的热疲劳失效行为，将有限元模拟的方法应用到焊点的热疲劳分析中，根据焊点的材料参数与几何尺寸，基于 Anand 本构方程，利用 ANSYS1 7.0 软件建立焊点的有限元模型。

8.4.1 Anand 本构方程

在 BGA 与 QFP 封装结构中，焊点的 SAC305 钎料的熔点为 490 K(217℃)左右，当温度载荷的温度达到钎料熔点的 0.5 倍以上时，钎料将表现出黏塑性特征，即当材料所承受的应力达到屈服应力后开始产生塑性变形，应力与应变关系呈非线性，将负载去除后，应变也无法回复到原点。而室温情况下(298 K)，温度都已达钎料熔点的 0.6 倍，因此在温度载荷下，焊点的蠕变与塑性特征比较明显。

Anand 模型是统一型黏塑性本构方程，它考虑了材料在变形过程中产生的与时间有关的蠕变变形(包括瞬态蠕变和稳态蠕变)和与时间无关的塑性变形。本文采用 Anand 本构方程来描述焊点的性能，其方程形式为

$$\dot{\varepsilon}_p = A \cdot \left[\sinh\left(\frac{\xi \cdot \sigma}{s}\right) \right]^{\frac{1}{m}} \exp\left(-\frac{Q}{RT}\right) \tag{8.1}$$

式中，ε_p 为等效塑性应变量，A 为常数，s 为变形阻抗(或称内部变量)，ξ 为应力因子，Q 为激活能，R 为波尔兹曼常数，σ 为等效应力，m 为应变率敏感指数，T 为温度(K)。

变形阻抗 s 演化方程为

$$\dot{s} = \left[h_0 \left| \frac{s}{s^*} \right|^a \cdot \text{sign}\left(1 - \frac{s}{s^*}\right) \right] \cdot \dot{\varepsilon}_p \tag{8.2}$$

$$s^* = \hat{s} \left[\frac{\dot{\varepsilon}_p}{A} \exp\left(\frac{Q}{RT}\right) \right]^n \tag{8.3}$$

其中，h_0 为硬化系数，a 为与硬化相关的敏感指数，s^* 为变形阻抗的饱和值，$\hat{s}$ 与 n 分别为系数与指数。在 Anand 本构方程中总共有 9 个材料参数，即 A、Q、ξ、m、h_0、a、$\hat{s}$、n 以及初始变形阻抗 s_0。

8.4.2 焊点有限元模型的建立

根据焊点材料及相关几何参数，建立 BGA 封装试件与 QFP 封装试件的有限元模型。基于这两种电子器件的对称性，为节约计算时间，选取试件的 1/4 部分建立有限元模型，如图 8.18 所示。对于 QFP 封装模型，由 Cu 引线、BT 树脂基板、焊点、PCB 组成，相关几何参数如表 7.1 所示。对于 BGA 封装模型，由 BT 树脂基板、Cu 焊盘、BGA 焊球、IMC 层、PCB 组成，相关几何参数如表 7.2 所示，IMC 层的厚度为 2.5 μm。

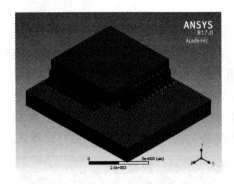
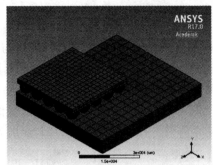

（a）QFP 封装有限元模型　　　　　　（b）BGA 封装有限元模型

图 8.18　焊点的有限元模型

焊点有限元模型中使用的材料有 FR－4 环氧树脂电路板、Sn-3.0Ag-0.5Cu(SAC305)钎料、Cu 引线与 Cu 焊盘、BT 树脂基板，并选择 Cu_6Sn_5 作为 IMC 层的材料。表 8.3 与表 8.4 分别为焊点材料的主要性能参数和 Anand 本构方程参数。

表 8.3　焊点材料的性能参数

材料 ＼ 参数	热膨胀系数 $\alpha/10^{-6} \cdot K^{-1}$	泊松比 μ	弹性模量 E/GPa
Sn-3.0Ag-0.5Cu	25	0.35	38.7～0.18 T
FR－4 PCB	15	0.28	11
Cu 引线/焊盘	16.6	0.3	117
BT 基板	15.5	0.25	18.2
Cu_6Sn_5	16.3	0.25	85.6

表 8.4　SAC305 的 Anand 本构方程参数

参数名称	参数值
常数 A/s^{-1}	5.87×10^6
激活能 $Q/(J \cdot mol^{-1})$	62 022
应力因子 ξ	2
应变率敏感指数 m	0.094
硬化系数 h_0/MPa	9350
敏感指数 a	1.50
系数 $\hat{s}$/MPa	58.3
指数 n	0.015
变形阻抗 s_0/MPa	45.9

焊点有限元模拟中所施加的边界条件为：对 PCB 内侧的 x 与 y 方向施加零位移刚性载荷，PCB 底面施加刚性零约束。环境温度载荷的施加曲线与温度循环试验相同，如图 8.1 所示。

8.4.3　焊点有限元模拟结果分析

环境温度载荷加载完成后，得到 QFP 与 BGA 封装模型的应力分布云图，如图 8.19 所示。在低于焊点自身静强度极限的温度载荷下，焊点的局部应力集中区域会首先出现屈服状态，即焊点该区域发生高度塑性变形，导致焊点内部出现缺陷。在温度循环载荷反复作用下，焊点内部开始出现微裂纹，并逐渐增长成为宏观裂纹，当裂纹扩展至贯穿整个焊点时，焊点完全失效。图 8.20 与图 8.21 分别为两种封装模型中焊点的应力分布云图。

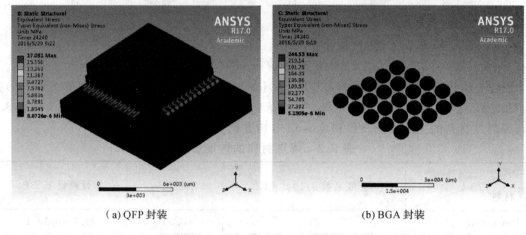

（a）QFP 封装　　　　　　　　　　　（b）BGA 封装

图 8.19　1/4 模型的应力分布云图

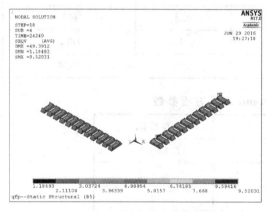

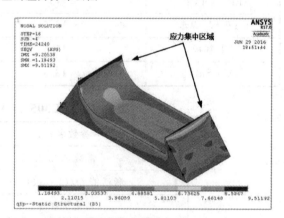

（a）QFP 焊点应力分布云图　　　　　　（b）单个 QFP 焊点的应力分布云图

图 8.20　1/4 模型中 QFP 焊点的应力分布云图

对于 QFP 焊点，通过图 8.20 可以看出，焊点与 PCB 接触的焊趾与焊根部位是应力最为集中的地方，说明这两处区域是焊点可靠性最薄弱的地方，也是裂纹最易出现的区域。在焊点的焊根与焊趾部位出现应变集中现象，主要是由于芯片基板、PCB 及焊点的热膨胀系数不同造成的。同时在热循环模拟中发现，电路板试件整体也会发生变形，PCB 有向外侧翘曲的趋势，芯片基板与焊点的相对变形较大。

对于 BGA 焊点，通过图 8.21 可以看出，处于试件边角的焊点的可靠性较为薄弱，应力集中的区域位于靠近 PCB 一侧，这说明该区域是裂纹最先出现的地方。BGA 焊点结构中，焊点与器件以及 PCB 的热膨胀系数是不同的，同时焊点的钎体本身与界面金属间化合物的材料性能存在较大差异。IMC 层本身属于脆性材料，在温度循环载荷下，其内部累积了较大的应力，并且无法通过塑性流动而释放，进而导致更大的塑性变形，因此 BGA 焊点的失效模式多在 IMC 层处萌生，并沿界面扩展。

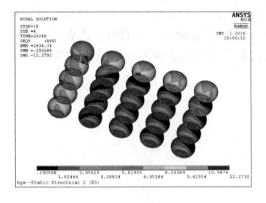
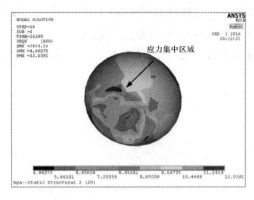

（a）BGA 焊点应力分布云图　　　　　　　（b）单个 BGA 焊点的应力分布云图

图 8.21　1/4 模型中 BGA 焊点的应力分布云图

为进一步分析焊点的应变—疲劳特性，选取 QFP 焊点应变最为集中的焊趾部位和 BGA 焊点靠近 PCB 的 IMC 层应变集中区域，分析焊点等效塑性应变及累积塑性应变能的变化趋势，如图 8.22 和图 8.23 所示。

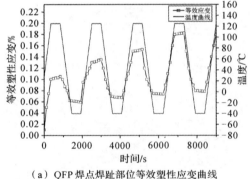
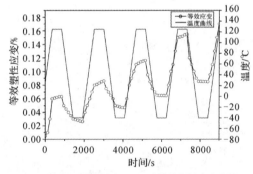

（a）QFP 焊点焊趾部位等效塑性应变曲线　　（b）BGA 焊点 IMC 区域等效塑性应变曲线

图 8.22　焊点应力集中区等效塑性应变曲线

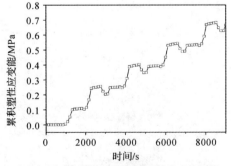
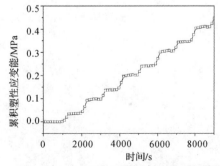

（a）QFP 焊点焊趾部位累积塑性应变能曲线　　（b）BGA 焊点 IMC 区域累积塑性应变能曲线

图 8.23　焊点应力集中区累积塑性应变能曲线

通过图 8.22 可以看出，在温度循环载荷作用下，焊点的应变水平呈现周期性变化规律。在温度循环载荷的升温阶段，焊点应力集中区域的等效塑性应变累积速率较快；在高温驻留阶段，等效塑性应变继续累积，但增加速率变慢；在 125～−40℃ 的降温阶段，等效塑性应变快速释放；在低温驻留阶段，等效塑性应变的释放趋势变慢。随着温度循环载荷的进行，等效塑性应变的极大值在增加，极小值也在上升。图 8.23 表明，累积塑性应变能随着时间呈现阶梯式增加的趋势。当焊点的热疲劳损伤累积到一定程度，焊点就开始进入热疲劳失效状态。塑性应变能的不断累积是温度载荷下焊点产生疲劳损伤的内部原因。

第 9 章　振动与温度耦合条件下板级焊点疲劳失效研究

9.1　温度时效与随机振动耦合条件下的焊点疲劳寿命分析

9.1.1　正交试验方案设计

正交试验设计是利用正交表科学研究多因素多水平的一种设计方法，基于一定的规则设计正交表，可确保以最小数目的试验获得全因子试验中影响性能参数的全部信息。为提高耦合试验效率，本节采用正交试验设计的方案实施温度时效与随机振动耦合条件下的焊点可靠性试验，可在获取影响焊点可靠性因素的同时，减少试验次数和成本。

根据美国 MIL - STD - 883 标准，焊点工作环境的温度范围大多在 $-40\sim125$℃区间，可以按温度值(T)的不同将温度时效载荷划分为三个梯度：低温(<0℃)、室温($0\sim65$℃)和高温载荷(>65℃)；而振动载荷则主要由振动频率(f)和加速度功率谱密度(PSD)来表征，将随机振动载荷按照频率与功率谱密度的不同简化为低、中、高三种量级。此时，焊点的工作环境可简化为不同的温度梯度与不同的振动量级同时存在，两者相互作用形成耦合载荷。例如，高温与低频、低 PSD 值耦合的载荷，室温与中频、低 PSD 值耦合的载荷等。因此，选取能够表征温度载荷与振动载荷严酷程度的温度值(T)、加速度功率谱密度(PSD)与频率(f)为因素设计正交试验，各温度梯度与各振动量级的因素水平如表 9.1所示。

表 9.1　正交试验因素水平

因素名称	水　平		
	1	2	3
温度 T/℃	-40	25	125
加速度功率谱密度 PSD/$m^2 \cdot s^{-3}$	1	10	20
频率 f/Hz	$10\sim100$	$200\sim300$	$500\sim600$

根据确定的因素及水平，选用 $L_9(3^4)$ 混合水平正交表，如表 9.2 所示。而如果对 QFP或 BGA 焊点做完备的耦合试验，则每种封装类型的焊点至少需要做 $3\times3\times3=27$ 组试验。根据正交试验方案的组合数目，试验所需的测试样件至少为 9 件，显然大大减少了试验次数。在本试验中，考虑重复性试验样本，每种组合载荷条件下的试验样件为 5 件，因此，需要 QFP 封装与 BGA 封装的试验样件各为 45 件。

表 9.2　正交试验方案

试验号	$T/℃$	PSD/m² · s⁻³	f/Hz
1	−40	1	10～100
2	−40	10	200～300
3	−40	20	500～600
4	25	1	200～300
5	25	10	500～600
6	25	20	10～100
7	125	1	500～600
8	125	10	10～100
9	125	20	200～300

　　按照表 9.2 的试验方案,进行温度时效与随机振动耦合试验,即在施加等温载荷的情况下,同时施加随机振动载荷,试验在所搭建的力、热耦合试验系统中进行,如图 6.5 所示。试验中,由 MI−7016 型 16 通道数据采集仪通过构建的菊花链监测系统,实现对 PCB 背侧的动态应变信号与焊点电压信号的同步实时监测。

9.1.2　温度与振动因素对焊点疲劳寿命的影响

1. 试验结果及极差分析

　　正交试验的极差分析法又称为直观分析法,通过分析极差 R 的大小评价各因素对试验指标的影响程度。极差越大,表示这个因素的数值在试验范围内变化时,导致试验结果的变化越大,所以极差最大的那个因素是主要因素。

　　经过各种应力水平组合条件下的振动与温度耦合试验,BGA 与 QFP 封装的试验样件的疲劳寿命结果如表 9.3 和表 9.4 所示,其中的空列为考虑误差分析而设。K_i 表示任一列中水平为 i 所对应的试验结果之和,k_i 为 K_i 的算术均值,即 $k_i = K_i/n_i$,其中,n_i 为任一列中 i 水平出现的次数。极差 $R = \max(k_i) - \min(k_i)$。

　　通过极差分析结果可以看出,对于 BGA 与 QFP 焊点来说,均是温度因素的极差值最大,表明温度对焊点可靠性的影响最大,加速度功率谱密度次之,频率最小。由试验的计算结果可以进一步得出焊点疲劳寿命随试验因素的变化趋势,如图 9.1 所示。

表 9.3　BGA 焊点正交试验结果

试验号	$T/℃$	PSD/m² · s⁻³	f/Hz	空列	疲劳寿命均值/s
1	1	1	1		5021
2	1	2	2		2564
3	1	3	3		3542
4	2	1	2		6313
5	2	2	3		6625

续表

试验号	$T/℃$	PSD/$m^2 \cdot s^{-3}$	f/Hz	空列	疲劳寿命均值/s
6	2	3	1		5608
7	3	1	3		7109
8	3	2	1		5744
9	3	3	2		4543
K_1	11 127	18 443	16 553		
K_2	18 546	14 933	13 420		
K_3	17 396	13 693	17 276		
k_1	3709	6148	5518		
k_2	6182	4978	4473		
k_3	5799	4564	5759		
R	2743	1584	1286		

表 9.4　QFP 焊点正交试验结果

试验号	$T/℃$	PSD/$m^2 \cdot s^{-3}$	f/Hz	空列	疲劳寿命均值/s
1	1	1	1		3935
2	1	2	2		2311
3	1	3	3		2557
4	2	1	2		6930
5	2	2	3		6785
6	2	3	1		6023
7	3	1	3		6614
8	3	2	1		5596
9	3	3	2		4828
K_1	8803	17 479	15 554		
K_2	19 738	14 692	14 069		
K_3	17 038	13 408	15 956		
k_1	2934	5826	5185		
k_2	6579	4897	4690		
k_3	5679	4469	5319		
R	3645	1357	629		

当温度下降时，焊点的疲劳寿命会显著下降，这表明低温是影响焊点可靠性的关键因素；在加速度功率谱密度增大时，焊点的疲劳寿命也会明显下降，这表明当振动能量增加时，焊点的可靠性降低；此外，可以发现当频率为 200～300 Hz 时焊点的寿命值较短，由

7.1 节中的模态分析结果可知，A、B 两种类型的电路板的一阶频率分别为 276.57 Hz 和 298.35 Hz，靠近一阶频率的振动容易引起 PCB 的共振，会激发其本身的固有振动模态，产生谐振现象，电子芯片基板和 PCB 都会产生较大的弯曲变形，焊点承受的交变应力增大，从而导致焊点疲劳寿命值缩短。

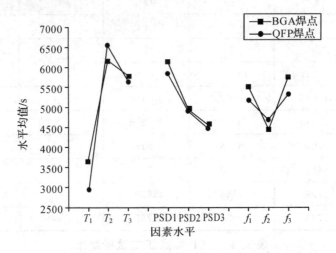

图 9.1 各试验因素对焊点疲劳寿命的影响

更进一步，比较 BGA 与 QFP 两种封装类型的焊点疲劳寿命，如图 9.2 所示。可以看出，在低温和高温条件下 BGA 焊点的疲劳寿命较长，而在室温条件下 QFP 焊点的疲劳寿命稍长。综合来看，BGA 焊点的低温与高温性能比 QFP 焊点更好，更适合较为严酷的温度服役条件。

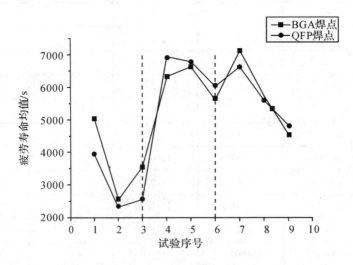

图 9.2 BGA 与 QFP 焊点疲劳寿命对比图

2. 方差分析

正交试验的方差分析是将试验数据的总离差平方和分解为各因素的离差平方和与试验误差平方和之和，基于各因素的离差平方和与试验误差平方和构造检验统计量，进行 F 检验来判断各因素对试验结果的作用是否显著。

根据有重复试验的正交试验数据方差分析理论，计算各因素的偏差平方和 Q_i 及对应的自由度 f_i：

$$Q_i = \frac{1}{m_i \cdot t} \sum_{j=1}^{z_i} Y_{ij}^2 - \frac{1}{n \cdot t} \Big(\sum_{v=1}^{n} \sum_{u=1}^{t} y_{vu} \Big)^2 \tag{9.1}$$

$$f_i = z_i - 1 \tag{9.2}$$

式中：n 为试验组数；t 为每组试验的重复次数；z_i 为第 i 列所安排因素的水平数；m_i 为表中第 i 列所安排因素的水平重复次数；Y_{ij} 为在第 i 个因素的第 j 个水平下所做的试验结果之和，即 $m_i \cdot t$ 组试验结果之和；$y_{vu}(v \in [1, n]，u \in [1, t])$ 为每次试验结果。

试验误差平方和 Q_E 及对应的自由度 f_E 为

$$Q_E = \sum Q_i' + t \sum_{v=1}^{n} \sum_{u=1}^{t} \Big(y_{vu} - \frac{1}{t} \sum_{u=1}^{t} y_{vu} \Big)^2 \tag{9.3}$$

$$f_E = \sum f_i' + n(t-1) \tag{9.4}$$

式中：Q_i' 为空白列的偏差平方和，按照式（9.1）计算。f_i' 为与之对应的自由度，按照式（9.2）计算。

各因素的方差估计值 S_i^2 及试验误差的方差估计值 S_E^2 为

$$S_i^2 = \frac{Q_i}{f_i} \tag{9.5}$$

$$S_E^2 = \frac{Q_E}{f_E} \tag{9.6}$$

定义各因素对应的检验统计量 F_i：

$$F_i = \frac{S_i^2}{S_E^2} \tag{9.7}$$

根据 F 分布检验原理，当 $F_i > F_{0.01}(f_i, f_E)$ 时，判断 i 因素为高度显著性因素（置信度 $p=99\%$），记为"＊＊＊"；当 $F_{0.05}(f_i, f_E) \leqslant F_i < F_{0.01}(f_i, f_E)$ 时，判断 i 因素为显著性因素（置信度 $p=95\%$），记为"＊＊"；当 $F_i < F_{0.1}(f_i, f_E)$ 时，判断 i 因素为非显著性因素（置信度 $p=90\%$）。

根据上述公式，BGA 焊点试验中各因素的方差分析结果如表 9.5 所示。

表 9.5　BGA 焊点试验中各因素的方差分析

差异源	偏方差和	自由度	偏方差估计值	F 值	显著性	置信度
T	10 630 518	2	5 315 259	254.2	＊＊＊	99%
PSD	4 049 352	2	2 024 676	96.8	＊＊	95%
f	2 807 502	2	1 403 751	67.1	＊＊	95%
误差	41 813	2	20 906.5			
$F_{0.01}(2, 2)=99，F_{0.05}(2, 2)=19$						

由表 9.5 可知，$F_T > F_{0.01}(2, 2)$，说明温度对 BGA 焊点可靠性的影响高度显著（置信度 $p=99\%$）；$F_{0.05}(2, 2) < F_{PSD} < F_{0.01}(2, 2)$，$F_{0.05}(2, 2) < F_f < F_{0.01}(2, 2)$，说明 PSD

值与频率对 BGA 焊点可靠性影响显著($p=95\%$)。各因素对 BGA 焊点可靠性影响显著性的排序为 $T>\mathrm{PSD}>f$,这与极差分析的结果是一致的。同理,QFP 焊点试验中各因素的方差分析结果如表 9.6 所示。

表 9.6　QFP 焊点试验中各因素的方差分析

差异源	偏方差和	自由度	偏方差估计值	F 值	显著性	置信度
T	21 631 050	2	10 815 525	327.5	* * *	99%
PSD	2 887 674	2	1 443 837	43.7	* *	95%
f	658 626	2	329 313	10	*	90%
误差	66 047	2	33 023.5			
$F_{0.01}(2, 2)=99$, $F_{0.05}(2, 2)=19$, $F_{0.1}(2, 2)=9$						

由表 9.6 可知,$F_T>F_{0.01}(2, 2)$,说明温度对 QFP 焊点可靠性的影响高度显著($p=99\%$);$F_{0.05}(2, 2)<F_{\mathrm{PSD}}<F_{0.01}(2, 2)$,说明 PSD 值对 QFP 焊点可靠性的影响显著($p=95\%$);$F_{0.1}(2, 2)<F_f<F_{0.05}(2, 2)$,说明频率对 QFP 焊点可靠性的影响一般显著($p=90\%$)。各因素对 QFP 焊点可靠性影响显著性的排序为 $T>\mathrm{PSD}>f$,这与极差分析的结果也是一致的。

9.2　温度循环与随机振动耦合条件下的焊点疲劳寿命分析

温度循环载荷与随机振动载荷是导致焊点疲劳失效的两个主要因素,多数情况下,焊点损伤是两者同时作用的结果。但是,具体到应用场合,温度载荷与振动载荷的耦合方式会根据电子产品的使用方式和实际服役环境而有所不同。因此,本节设计了不同耦合方式的试验,系统地研究温度循环与随机振动的耦合载荷对焊点疲劳寿命的影响。

9.2.1　温度循环周期内耦合振动时机不同对焊点疲劳寿命的影响

温度循环载荷的选取标准与 8.1 节保持一致,参考 JESD22 - A104 标准;随机振动载荷参考 JESD22 - B103 标准与 GJB150 标准。耦合试验的具体参数如下:温度载荷的范围为 $-40\sim125℃$,初始温度为 25℃,每个热循环周期为 50 min,高、低温驻留时间为 10 min,升/降温时间为 15 min;振动载荷为 $50\sim500$ Hz 的宽频随机振动,加速度功率谱密度为 $10g^2/\mathrm{Hz}$,电路板为水平四角固支,如表 9.7 所示。

表 9.7　温度循环—随机振动耦合试验条件

温度循环	温度范围/℃	高、低温驻留时间/min	温度变化速率/(℃/min)	循环周期时间/min
	$-40\sim125$	10	11	50
随机振动	最小频率/Hz	最大频率/Hz	带宽/Hz	PSD/(g^2/Hz)
	50	500	450	10

　　基于对比分析的思想，设计 5 组耦合试验，分别在温度循环的升温阶段、低温驻留区、降温阶段、高温驻留区以及全周期施加随机振动载荷，考察在温度循环的不同阶段耦合振动载荷对焊点疲劳寿命的影响。耦合试验剖面如图 9.3 所示，每组试验中 BGA 与 QFP 封装类型的试验件均为 3 个。

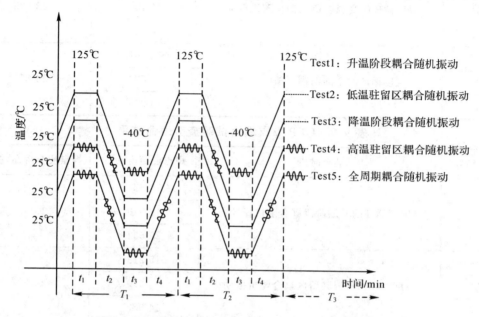

图 9.3　温度循环周期内耦合振动时机不同的试验剖面

　　经过不同耦合时机的环境试验，统计 BGA 与 QFP 封装试验样件的疲劳寿命值如表 9.8 和表 9.9 所示。结果显示，对于 BGA 和 QFP 焊点，温度循环与随机振动耦合的时机不同，均会对焊点的疲劳寿命产生影响。与温度循环的全周期耦合随机振动载荷相比，在低温驻留区耦合随机振动载荷对焊点损伤最大，严重缩短了焊点的疲劳寿命，而在高温驻留区耦合随机振动载荷焊点疲劳寿命相对较长。

表 9.8　BGA 焊点耦合试验疲劳寿命结果

试验编号	耦合时机	焊点疲劳寿命/s	焊点疲劳寿命均值/s
B1		15 832	
B2	温度循环的升温阶段耦合随机振动	17 248	16 552
B3		16 577	
B4		10 395	
B5	温度循环的低温驻留区耦合随机振动	9864	10 946
B6		12 579	
B7		16 274	
B8	温度循环的降温阶段耦合随机振动	18 359	17 680
B9		18 406	

试验编号	耦合时机	焊点疲劳寿命/s	焊点疲劳寿命均值/s
B10	温度循环的高温驻留区耦合随机振动	22 955	23 995
B11		24 106	
B12		24 923	
B13	温度循环的全周期耦合随机振动	14 667	14 811
B14		15 823	
B15		13 944	

表 9.9　QFP 焊点耦合试验疲劳寿命结果

试验编号	耦合时机	焊点疲劳寿命/s	焊点疲劳寿命均值/s
A1	温度循环的升温阶段耦合随机振动	19 621	19 698
A2		18 940	
A3		20 533	
A4	温度循环的低温驻留区耦合随机振动	15 218	14 577
A5		13 579	
A6		14 932	
A7	温度循环的降温阶段耦合随机振动	21 065	20 595
A8		20 981	
A9		19 738	
A10	温度循环的高温驻留区耦合随机振动	25 614	25 671
A11		24 987	
A12		26 413	
A13	温度循环的全周期耦合随机振动	17 220	17 305
A14		16 549	
A15		18 146	

　　将温度循环与随机振动耦合试验的结果与 7.1 节中单纯随机振动（振动量级为 $10\ g^2/Hz$）载荷和 8.1 节中单纯温度循环载荷下焊点平均疲劳寿命进行对比分析，如图 9.4 所示。

　　从图 9.4 中可以看出，焊点在单一温度循环载荷下的疲劳寿命最长。与单一载荷相比，温度与振动耦合条件下焊点的疲劳寿命有所下降。当载荷耦合时机为低温驻留区时，焊点的平均疲劳寿命最短，而在高温驻留区耦合随机振动载荷时，焊点的平均疲劳寿命甚至比单纯的随机振动载荷条件下的疲劳寿命都要长。这表明与单一载荷相比焊点在温度与振动耦合条件下的失效机制产生了改变。在低温条件下，焊点的脆性特征表现明显，如果此时叠加随机振动载荷，硬脆的焊点很容易在高应变速率的随机振动载荷下直接发生脆性断裂，从而严重缩短焊点疲劳寿命。当温度升高时，焊点材料的力学性能发生了变化，SAC305 钎料的屈服强度下降，塑性有所提高，因此叠加振动载荷所产生的部分应力被焊点通过钎体塑性变形而吸收，振动应力与热应力有所抵消，焊点失效机制从脆性断裂转向韧性断裂，从而使疲劳寿命相对延长，这也是温度循环全周期耦合随机振动载荷条件下的焊点疲劳寿命比只在低温驻留区耦合的焊点疲劳寿命要长的原因。

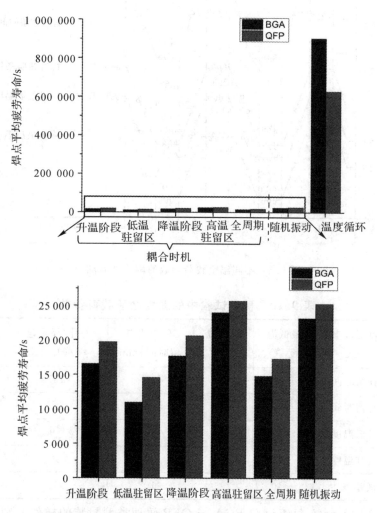

图 9.4　温度与振动耦合与单一载荷条件下焊点平均疲劳寿命对比图

9.2.2　耦合环境中温度循环载荷参数对焊点疲劳寿命的影响

已有研究表明，在单一温度循环载荷下，温度载荷的参数会对焊点的疲劳寿命产生影响。但是在温度与振动耦合环境下，由于振动载荷的存在，其产生的应力与热应力存在相互作用，使得温度载荷参数如何影响焊点的疲劳寿命还不清楚。因此本节通过设计 5 组不同温度循环参数的耦合试验，分析温度载荷参数对焊点疲劳寿命的影响。

温度循环载荷参数包括高/低温度值、升/降温速率以及高/低温驻留时间等。以 9.2.1 节振动与温度耦合试验中的温度载荷参数为标准，在循环周期时间不变的基础上延长或缩短高、低温驻留时间，降低或提高最高、最低温度值，而随机振动载荷保持不变，设计不同的耦合试验，如图 9.5 所示。耦合试验中温度循环载荷的具体参数如表 9.10 所示。

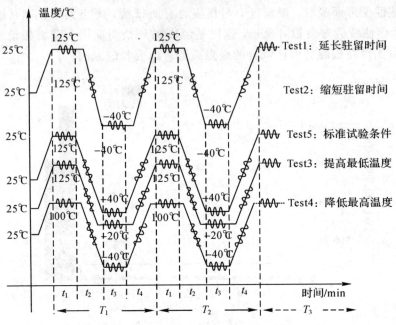

图 9.5　不同温度载荷参数的耦合试验剖面

表 9.10　耦合试验中的温度循环载荷参数

温度循环参数　　组号	最低温度/℃	最高温度/℃	高/低温驻留时间/min	升/降温速率/(℃/min)	循环周期时间/min
Test1：延长驻留时间	−40	125	15	16.5	50
Test2：缩短驻留时间	−40	125	5	8.25	50
Test3：提高最低温度	−10	125	10	9	50
Test4：降低最高温度	−40	80	10	8	50
Test5：标准试验条件	−40	125	10	11	50

对于 Test1～Test4，每组试验 BGA 与 QFP 两种类型封装的样件分别为 3 个，Test5 由于与 9.2.2 节中的全周期耦合试验条件相同，不再进行重复试验。统计焊点的平均疲劳寿命如图 9.6 所示。

通过对比分析，Test1 组试验的焊点平均疲劳寿命最短，Test3 组试验的焊点平均疲劳寿命最长。9.2.1 节中的研究已经表明，低温是温度循环周期内对焊点损伤最严重的阶段，Test1 组试验延长了低温驻留时间，使焊点长时间处于低温条件下，叠加的随机振动载荷容易对脆性特征的焊点造成损伤，使得焊点疲劳寿命下降，这与前面的研究结果相吻合。而且，Test1 组试验在延长驻留时间的同时，温度变化速率由原来的 11℃/min 提高到了 16.5℃/min。有研究表明，较高的温变速率会导致在温度循环周期内焊点最大应变能密度的变化率增大，从而加快了焊点的失效进程。相反，Test2 组试验缩短了驻留时间，同时温

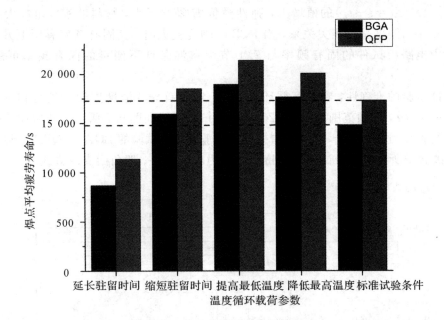

图 9.6 不同温度载荷参数的焊点平均疲劳寿命对比图

变速率也下降,焊点的疲劳寿命较标准试验条件要长。Test3 组试验将温度循环周期中的最低温度由 −40℃提高到 −10℃,焊点的脆性特征得以弱化,更多地表现出韧性,对焊点的可靠性有利。Test4 组试验降低了温度循环周期内的最高温度值,焊点的蠕变速率下降,焊点的疲劳寿命相应延长。因此 Test3 与 Test4 中焊点的平均疲劳寿命都要比标准试验条件下的长。

9.2.3 耦合环境中谐振效应对焊点疲劳寿命的影响

当振动载荷的频率接近电路板的一阶频率时,会激发电路板试件谐振,极大地增加原有的振动幅度,使焊点的损伤程度增加,因此振动载荷产生的谐振效应是导致焊点失效的重要影响因素之一。在随机振动与温度循环载荷耦合条件下,谐振效应是否仍然对焊点疲劳寿命具有显著影响值得探讨。本节设计了一组扫频与谐振驻留试验,研究在耦合环境下一阶固有频率对焊点疲劳寿命的影响。

由于耦合环境中温度载荷的存在,电路板试件的固有频率可能会发生微小变化。比如 PCB 的材料为环氧树脂,这是一种高分子聚合物,存在玻璃化转变温度,虽然温度循环试验中的最高温度为 125℃,没有达到 PCB 的玻璃化转变温度(>200℃),但是 PCB 玻璃化是一个缓慢的过程,所以在升温过程中,随着温度向转变温度的接近,PCB 的弹性模量可能会发生微小的变化。这些微小的变化虽然几乎不会对 PCB 的应变值产生任何影响,但可能会对电路板试件的固有频率产生显著影响。

从理论上定性分析,根据热弹性理论,当温度小于 125℃时,温度对管材弹性模量的影响呈近似的线性关系:

$$E = E_0(1 + \alpha \Delta t) \tag{9.8}$$

式中,α 为热弹性系数,E_0、E 分别为标准温度 t_0 和实际温度 t 情况下的弹性模量。当温度升高时，Δt（$\Delta t = t - t_0$）的值增大，弹性模量 E 随之增大，材料的刚度也越大。由于材料的固有频率与刚度呈正相关关系，当 PCB 的刚度变大时，其固有频率有所上升，因此在耦合环境中电路板试件的固有频率与 7.1 节中室温条件下测量的固有频率可能会存在偏差。

为保证试验的准确性，在温度循环条件下，本节首先在温度周期内进行扫频试验，振动加速度值为 $1g$，扫频范围为 100～2000 Hz，扫频曲线如图 9.7 所示。然后在其一阶固有频率处进行振动量级为 $10g^2/Hz$ 的谐振驻留试验，每组试验的 BGA 与 QFP 封装电路板均为 3 个，试验中所有电路板试件的夹持姿态均为水平夹持、四角固支的方式。

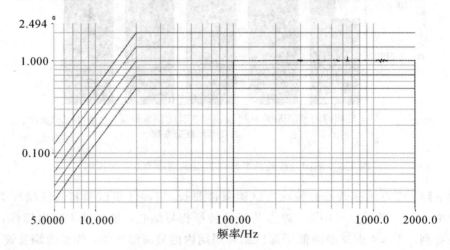

图 9.7　谐振搜索与驻留试验控制曲线

同时，设置 3 组对照试验，即在室温（25 ℃）、高温（125 ℃）以及低温（−40 ℃）条件下对电路板试件进行扫频试验并在一阶固有频率处进行谐振驻留试验，然后将试验结果进行对比分析。经过扫频试验后，不同温度下电路板试件的固有频率值如表 9.11 所示。可以看出在不同的温度条件下，一阶固有频率确实出现变化，随着温度的增高，频率值呈现下降趋势。值得注意的是，在温度循环周期的不同阶段，电路板试件的一阶固有频率并不是一成不变的，为一个范围值，这是由于试件的温度会随着温度循环中的升/降温而发生变化，因此取一阶固有频率的中值进行谐振驻留试验。

表 9.11　不同温度条件下电路板试件的固有频率

温度/℃		−40	25	125	−40～125
加速度/g		1	1	1	1
一阶固有频率/Hz	BGA 封装	289.73	298.35	310.62	301±6.13
	QFP 封装	265.14	276.57	288.45	280±7.15

在加速度为 $10g$ 的谐振驻留试验中，电路板的振幅与前文所做的随机振动载荷试验相比明显加大，焊点内部产生的应力应变值成倍增加，统计焊点的平均疲劳寿命结果如图 9.8 所示。

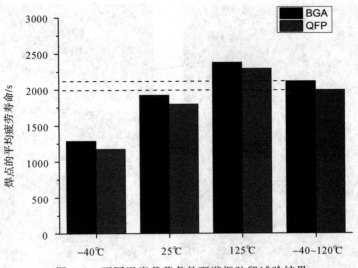

图 9.8　不同温度载荷条件下谐振驻留试验结果

将图 9.8 与图 9.6、图 9.4 的结果对比，可以发现谐振驻留试验的焊点平均疲劳寿命最低，这说明谐振效应是导致焊点失效的重要因素。因此在实际应用场合，应尽量避免将电路板组件暴露在其一阶固有频率附近的振动载荷下。对比不同温度载荷条件下的谐振驻留试验结果可以看出，低温加上谐振效应会使焊点的平均疲劳寿命成倍降低。而温度循环条件下比室温下的焊点疲劳寿命要长，125℃ 环境下的疲劳寿命最长，这与电路板的平均温度是密切相关的。温度循环周期的平均温度为 80℃ 左右，随着温度的增加，振动载荷的谐振效应所产生的部分应力被焊点的钎体吸收，在一定程度上减缓了焊点的失效进程。

9.3　振动与温度耦合条件下焊点失效模式分析

焊点的疲劳寿命是与其失效模式紧密相关的，不同的裂纹萌生与扩展方式必然导致疲劳寿命的差异，本节将对随机振动与温度循环耦合条件下的失效模式与相关机理进行分析。

根据 9.1 节、9.2 节中的分析，在振动与温度耦合环境下，温度载荷的存在会加快或减缓焊点的失效进程，是影响焊点疲劳寿命的显著性因素，因此焊点的失效模式应与温度载荷密切相关。本文基于统计分析的方法，将试验件按照温度载荷加载类型划分为两大类，即温度时效与温度循环，其中温度时效又细分为 −40℃、25℃、125℃ 三类，对这四类不同温度条件下的焊点进行金相分析，观察裂纹的扩展方式，并统计各种失效模式所占比例。

9.3.1　BGA 焊点失效模式分析

根据金相分析可知，BGA 焊点的失效模式主要有三种，即裂纹沿近封装侧的 IMC 层萌生与扩展，如图 9.9(a)所示；裂纹在 IMC 层萌生并开始逐渐向钎体扩展，如图 9.9(b)所示；裂纹出现在近封装侧的钎体内，如图 9.9(c)所示。按照温度载荷等级对 BGA 焊点的不同失效模式进行统计分析，如图 9.10 所示。

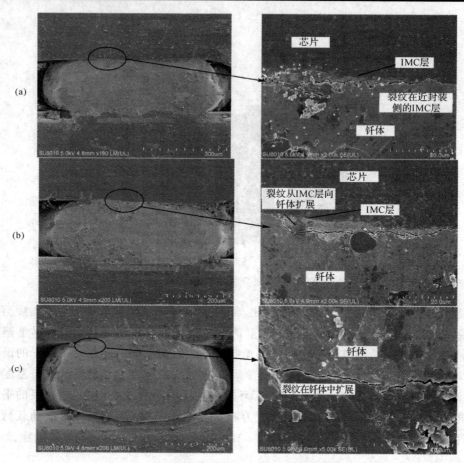

图 9.9　不同温度条件下的 BGA 焊点失效模式

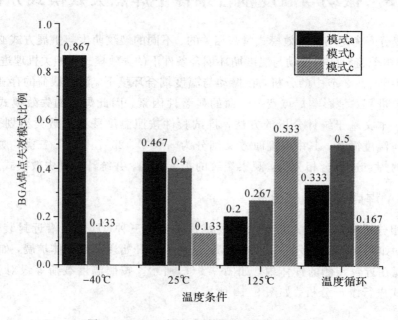

图 9.10　BGA 焊点失效模式的统计分析图

在温度与振动耦合环境中，焊点裂纹的萌生位置仍然在焊点的边角处，说明该区域是耦合环境中的应力集中区域。但是裂纹的扩展方式随温度不同而有所改变，平均温度越高，焊点裂纹向钎体内部扩展程度越明显，由 IMC 层界面裂纹到钎体内部裂纹，这说明温度载荷影响了焊点内部微观结构的演化。在高温条件下，焊点内部的晶粒会发生重结晶现象，新的晶粒尺寸变小，但是晶粒边界增多，促使裂纹扩展方向朝焊点的内部钎体区域发展，反映在失效模式上如图 9.9(b)、(c)所示。在低温条件下，焊点裂纹的扩展方式与单纯振动载荷下的焊点裂纹扩展方式类似，均只是发生在焊点与钎体之间的 IMC 层，说明此种情形下振动载荷是造成焊点失效的主要原因。而在温度循环条件下，焊点裂纹以混合式裂纹为主，这说明温度载荷的存在改变了焊点的失效机理，即由单纯的脆性断裂向韧性与脆性混合式断裂转变。

9.3.2　QFP 焊点失效模式分析

通过对 QFP 焊点进行金相分析，在振动与温度耦合载荷下焊点裂纹萌生的位置依然出现在焊根或者焊趾部位，这说明在耦合场内这两处区域是焊点应力集中区。裂纹的扩展方式有两种：一种是沿焊点与 PCB 侧界面扩展；另一种是沿焊点与引线的界面扩展。这两种失效模式在单纯振动载荷或单纯温度载荷条件下均出现过。不同的是，焊点在焊根产生的裂纹形态也呈"碎块"状，只是比单纯温度载荷条件下要弱，如图 9.11 所示。这表明温度载荷确实改变了焊点在失效进程中的微观组织结构，使裂纹由近似直线形态转变为"碎块"状，焊点的失效机理由单纯的脆性断裂转变为韧性与脆性混合式断裂。并且在两种耦合载荷下，焊点在焊根与焊趾部位均出现裂纹，使得失效进程有所加快，如图 9.12 所示。

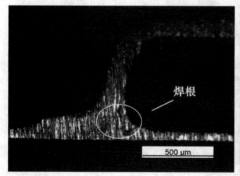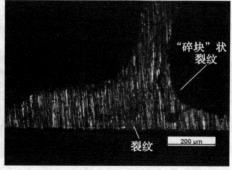

图 9.11　QFP 焊点的焊根部位出现明显"碎块"状裂纹

按照温度载荷等级对 QFP 焊点的不同失效模式进行统计分析，如图 9.13 所示。图中模式 a 代表裂纹从焊根或焊趾部位开始萌生，沿引线与焊点界面扩展；模式 b 代表裂纹从焊根或焊趾部位开始萌生，沿焊点与 PCB 界面扩展；模式 c 代表裂纹从焊根和焊趾部位开始萌生，沿焊点与引线或 PCB 界面双向扩展。可以看出，在低温条件下模式 a 占主导地位，与振动载荷下出现的故障模式类似，说明振动载荷是造成焊点失效的主要原因。随着温度的升高，模式 b 所占的比例有所提高。而在温度循环条件下焊点的失效模式主要为模式 c，此时焊点裂纹从焊根与焊趾萌生并分别向对侧延伸，裂纹扩展速度加快，这也是造成焊点疲劳寿命缩短的原因。

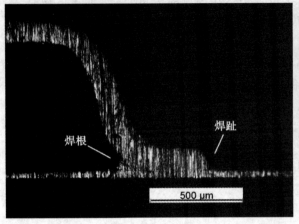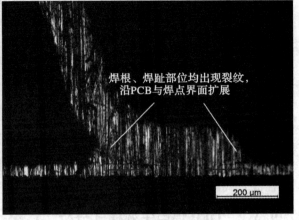

图 9.12 QFP 焊点的焊根与焊趾部位均出现裂纹

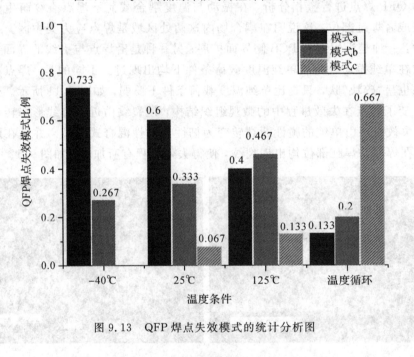

图 9.13 QFP 焊点失效模式的统计分析图

9.4 耦合载荷与单一载荷下焊点可靠性对比

9.4.1 焊点平均疲劳寿命对比

忽略载荷耦合方式与时机,仅将表 9.8、表 9.9 中温度循环的全周期耦合随机振动载荷的试验结果与表 7.8、表 8.1 中相对应的在单一载荷条件下的试验结果进行统计对比,如表 9.12 所示。可以看出,相比于振动或者温度单一载荷条件,焊点疲劳寿命呈缩短的趋势,这说明振动与温度的耦合作用总体上会加速焊点失效进程,而两种载荷不同耦合时机与方式也会对焊点的疲劳寿命产生影响,这在 9.2 节中已经讨论过,不再赘述。

表 9.12　耦合载荷与单一载荷下焊点的平均疲劳寿命对比

载荷类型 封装类型	随机振动载荷 （$10\ g^2/Hz$）	温度循环载荷 （$-40\sim125℃$）	温度循环载荷（$-40\sim125℃$） 随机振动载荷（$10\ g^2/Hz$）
BGA 焊点	23 197 s	301 周（9.03×10^5 s）	14 811 s
QFP 焊点	25 295 s	209.3 周（6.28×10^5 s）	17 305 s

9.4.2　焊点失效模式对比

在前面分析 BGA 焊点在随机振动与温度循环耦合条件下以及单一载荷条件下的失效模式的基础上，统计各种失效模式的发生概率，如图 9.14 所示。

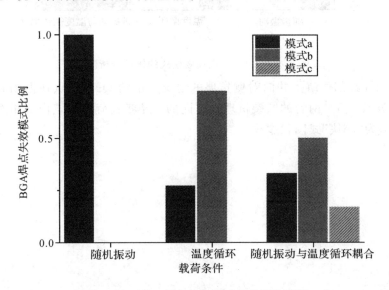

图 9.14　BGA 焊点失效模式的统计分析图

在图 9.14 中，模式 a 代表裂纹在 IMC 层萌生与扩展；模式 b 代表裂纹在 IMC 层萌生并向钎体中扩展；模式 c 代表裂纹在钎体内萌生。可以看出，在振动、温度或者是两者耦合条件下，焊点失效的主要部位大都是在 IMC 层，无论在近 PCB 侧还是在近封装侧，IMC 层都是焊点结构中最"脆弱"的部分。在随机振动载荷下，焊点的脆性断裂机理使得裂纹直接向 IMC 层对侧扩展；而温度载荷下焊点所产生的塑性变形使得裂纹扩展方向发生了变化，开始出现了向钎体内部延伸的趋势。

同理，统计 QFP 焊点在随机振动与温度循环耦合条件下以及单一载荷条件下各种失效模式的发生概率，如图 9.15 所示。

在图 9.15 中，模式 a 代表裂纹在焊根/趾部位萌生，沿焊点与铜引线 IMC 层界面扩展；模式 b 代表裂纹在焊根/趾部位萌生，沿焊点与 PCB IMC 层界面扩展；模式 c 代表裂纹在焊根/趾部位萌生，沿焊点与引线或 PCB IMC 层界面双向扩展。可以看出，在外界载荷作用下，焊根和焊趾部位最易产生裂纹，焊点与铜引线的 IMC 层是裂纹易于扩展的部位。在随机振动与温度循环耦合条件下，焊点与 PCB 侧的 IMC 层也开始产生裂纹，并出现裂

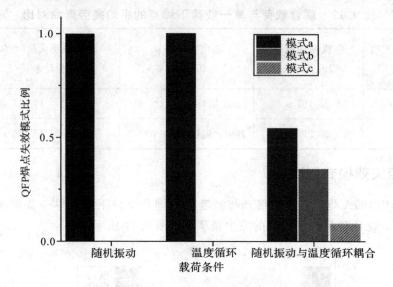

图 9.15　QFP 焊点失效模式的统计分析图

纹分别从焊根和焊趾部位萌生并向对侧扩展的情况。虽然 QFP 焊点在振动和温度单一载荷下失效模式类似，但是两者的断裂机理是不同的，温度载荷使焊点内部组织演化发生改变，裂纹形态多为"碎块"式网状裂纹。

第 10 章 振动与温度耦合条件下板级焊点疲劳寿命模型

10.1 建模需求分析

10.1.1 传统疲劳寿命模型的主要问题

目前有很多用于预测焊点疲劳寿命的模型，按所基于的力学基础理论的不同，可以划分为应变、能量、断裂损伤等多种类型，但是这些寿命模型本质上大都属于经验模型，在应用到实际的焊点寿命评估与预测中时存在诸多难题。

以当前使用最为广泛的 Coffin-Manson 公式为例，该模型基于材料损伤率是常数的假设，这与焊点的断裂过程显然是不相符的，而且根据一种电子封装尺寸计算得到的公式参数并不适用于其他不同尺寸的封装，因此不具备一般的适用性。此外，Coffin-Manson 公式最初是针对同系温度在 0.5 以下的金属提出的，而目前主流的 Sn-Ag-Cu 型焊点室温（25 ℃）条件下的同系温度可以到达 0.6。这些问题的存在使模型预测结果的准确性大打折扣。其他以 Coffin-Manson 公式为基础而产生的各类改进模型，比如 Norris-Landsberg 疲劳模型，引入了最高温度和循环频率两个因子，将 Coffin-Manson 公式中的塑性应变范围代替为温度变化范围。再比如将频率因素考虑在内的 Solomon 疲劳模型等，这些模型的公式形式有所改变，但核心本质并未改变，因此存在与 Coffin-Manson 公式同样的问题。

内聚力模型（Cohesive Zone Model，CZM）是焊点疲劳失效研究中的一种新方法，该模型通过建立张力—位移界面本构关系，描述钎料断裂过程的行为，进而预测疲劳失效。由于该模型存在很多优点而受到广泛关注。比如，它对材料本身参数要求比较宽松，消除了裂纹尖端的应力奇异点等。但是在实际应用该模型时，很多问题也有待解决。首先，张力—位移界面本构关系式有很多形式，如指数式、双线性式、三线性式等，对于一种类型的焊点，该如何选择与之适应的张力—位移界面本构关系式，没有统一的标准。其次，计算断裂模式的方法也不统一，大部分文献还是通过传统的正交分量的合成与分解来计算，但这种方式是不能忽略应力奇点的。最重要的是，由于该模型将裂纹内嵌到钎料的内聚区，因此要求裂纹产生及扩展的路径事先已知，而工艺水平的限制，使焊点的尺寸和形状本身就存在一定差异，其裂纹的路径必然是随机的。

通过上述分析，可以将目前常见的焊点寿命模型中存在的主要问题归结成以下几点：

（1）模型的假设过于严格，会与实际情况产生差异；

（2）模型要求的理论背景过强，计算过程中存在矛盾；

（3）模型参数针对性单一，不具备普遍的适用性。

并且,以往关于焊点疲劳寿命的研究大多是在单一载荷下进行的,而焊点在单一载荷与耦合载荷下的失效模式还是存在较大差异,因此,如果依然沿用上述模型来评估焊点在振动与温度耦合条件下的疲劳寿命情况,预测结果的误差会更大,甚至是错误的。

10.1.2 焊点自身结构的不确定性分析

焊点裂纹的萌生是由于在外界载荷作用下,焊料内部出现微孔洞,随着时间的推移,微小的孔洞逐渐成长、合并,最终以微裂纹的形式表现出来。在 Sn-Ag-Cu(SAC305、SAC405等)焊点内部,Sn 的含量是最高的,而这些 Sn 晶粒的排列方向是随机的,Sn 的机械特性与热膨胀系数呈现各向异性,即各方向的力学性能和物理性能都存在差异,不同方向 Sn 的弹性模量变化可达 50 GPa,热膨胀系数(CTE)的差异也可相差 1 倍。此外,在裂纹形成过程中,焊点内部晶粒还会发生再结晶现象。这种焊点内部微观结构的不确定性导致相同材料的不同焊点疲劳寿命也会存在很大差异,如果单纯从失效物理的角度分析,只有搞清楚每个焊点的微观结构才能实现对焊点疲劳寿命的评估。很多文献尝试通过建立 Sn-Ag-Cu 焊点中各相成分的应力应变关系来分析 Sn 的各向异性对焊点疲劳寿命的影响,但是一块集成化程度比较高的电路板上有成千上万个焊点,这种微观结构分析的方法显然是不可行的。

因此,为满足焊点疲劳模型的适用性与准确性,需要在考虑焊点微观结构不确定性的基础上,建立一个基于实时信息分析的非经验疲劳寿命模型。

10.1.3 信息熵在焊点疲劳损伤建模中的优势

信息熵理论是 Shannon 在热力学熵的基础上,结合数理统计理论提出的。它是量化系统或信号有序化程度的有效手段。设 X 为定义在概率空间上的离散随机变量,在一次概率实验中可能出现的结果为 $\{x_1, x_2, \cdots, x_n\}$,则随机变量 X 的熵定义如下:

$$H(X) = -\sum_{i=1}^{n} p(x_i) \log p(x_i) \tag{10.1}$$

其中,$p(x_i)$ 为 x_i 出现的离散概率,n 为 X 可能出现的结果或状态数目。对于连续随机变量,设其概率密度函数为 $p(x)$,则其熵的计算公式为

$$H(X) = -\int p(x) \log p(x) \mathrm{d}x \tag{10.2}$$

通过熵的计算公式可知,$H(X)$ 反映了概率密度函数 $p(x)$ 传递给我们的信息量,通过熵的大小可以了解随机事件发生的不确定性。对于有序的系统或规则的信号,其信息熵较低;反之,信息熵则较高。

信息熵理论是量化数据有序化程度的有效手段,适合处理包含不确定性的数据。而在焊点耦合试验中所监测的实时应变信号恰好可以看作是一组组包含不确定信息的数据序列。并且,从物理意义上讲,在焊点裂纹萌生、扩展过程中,无论是韧性断裂还是脆性断裂,焊点微观结构损伤形成新的裂纹表面,伴随着能量的耗散过程,而且这个过程是不可逆的,焊点结构动态响应数据的熵值必然会发生变化。

相比于传统的经验疲劳建模方法,基于信息熵理论的建模存在以下优点:

(1)无需对焊点结构进行有限元建模或者模态分析,摆脱了传统模型诸多假设的限制,适应性更强;

(2)理论背景较为简单,编程方便,计算效率高;

（3）对焊点结构的初始状态无要求，有利于推广到实际应用。

因此，信息熵理论有望为焊点结构疲劳损伤建模提供一种新的方法，本章接下来将基于焊点振动与温度耦合试验中获取的动态结构响应数据，利用单一时间因子传递熵的方法，建立能够表征焊点微观结构损伤的能量测度，通过实时分析焊点的动态结构响应数据，实现对焊点损伤程度与疲劳寿命的评估与预测。

10.2　基于单一时间因子传递熵的焊点疲劳寿命非经验模型

10.2.1　传递熵理论及其解析方法

1. 单一时间因子传递熵

传递熵是基于信息熵理论的基本公式（式（10.1））构造的一种熵函数，用以描述信息流之间的传递关系。传递熵涉及两个平稳随机过程 X 与 Y，它们在时刻 t 的状态分别为 x_t 和 y_t，如果过程 X 的未来状态不能完全由自身状态决定，Y 能够提供 X 自身历史状态所不能包含的信息，两者存在依赖的耦合关系，则 Y 对 X 的信息传输量可以用传递熵来表征：

$$T_{Y \to X} = \sum p(x_{t+1}, x_t^{(k)}, y_t^{(l)}) \log \frac{p(x_{t+1} \mid x_t^{(k)}, y_t^{(l)})}{p(x_{t+1} \mid x_t^{(k)})} \tag{10.3}$$

其中，$T_{Y \to X}$ 表示从信息源 Y 到信息宿 X 的传递熵，x_{t+1} 为序列 X 在 $t+1$ 时刻的状态，$p(\cdot)$ 为状态发生的概率。k、l 分别表示马尔科夫过程 X 与 Y 的阶数，为了避免计算高维度概率密度，通常情况取 $k = l = 1$，同时也不影响传递熵度量过程耦合程度的有效性。

对式（10.3）中的过程 Y 添加一个延滞时间 τ，得到单一时间因子传递熵：

$$T_{Y \to X} = \sum p(x_{t+1}, x_t^{(k)}, y_{t+\tau}^{(l)}) \log \frac{p(x_{t+1} \mid x_t^{(k)}, y_{t+\tau}^{(l)})}{p(x_{t+1} \mid x_t^{(k)})} \tag{10.4}$$

其中，延滞时间 τ 的物理意义在于过程 Y 在不同时间尺度上所包含的关于过程 X 的信息。

传递熵描述了过程 Y 对 X 的影响程度。当 X 的状态只由自身的历史信息决定，即 X 与 Y 无关时，$T_{Y \to X} = 0$；当 Y 的状态对 X 的状态存在耦合关系，Y 对 X 未来状态提供了自身历史状态没有包含的信息时，则 $T_{Y \to X} > 0$。

2. 核密度估计算法

对于线性高斯系统，$T_{Y \to X}$ 可以通过计算 X 与 Y 过程的协方差矩阵求解：

$$T_{Y \to X}(x_{t+1}, x_t, y_{t+\tau}) = \frac{1}{2} \log \left(\frac{|C_{x_{t+1}, x_t, y_{t+\tau}}| \, |C_{x_t}|}{|C_{x_t, y_{t+\tau}}| \, |C_{x_{t+1}, x_t}|} \right) \tag{10.5}$$

$$\begin{cases} C_{x_t} = E(x_t x_t) = \sigma_x^2 \\[2mm] C_{x_{t+1}, x_t, y_{t+\tau}} = \begin{bmatrix} E(x_{t+1} x_{t+1}) & E(x_{t+1} x_t) & E(y_{t+\tau} x_{t+1}) \\ E(x_t x_{t+1}) & E(x_t x_t) & E(y_{t+\tau} x_t) \\ E(y_{t+\tau} x_{t+1}) & E(y_{t+\tau} x_t) & E(y_{t+\tau} y_{t+\tau}) \end{bmatrix} \\[6mm] C_{x_t, y_{t+\tau}} = \begin{bmatrix} E(x_t x_t) & E(y(t+\tau) x_t) \\ E(y_{t+\tau} x_t) & E(y_{t+\tau} y_{t+\tau}) \end{bmatrix} \\[4mm] C_{x_{t+1}, x_t} = \begin{bmatrix} E(x_{t+1} x_{t+1}) & E(x_t x_{t+1}) \\ E(x_t x_{t+1}) & E(x_t x_t) \end{bmatrix} \end{cases}$$

其中，$E(\cdot)$ 为期望，C 为协方差矩阵，σ 为均方差。

而对于绝大多数结构损伤问题，其响应信号都具有非线性特征。为此，Kaiser 等人提出一种核密度的方法，对于时间序列 X 中的每个点，做如下核密度估计：

$$\hat{p}(x_t,\varepsilon)=\frac{1}{N-2\lambda-1}\sum_{m=1,\,|m-t|>\lambda}^{N}\Phi(\varepsilon-\|x_t-x_m\|) \tag{10.6}$$

式中，N 为时间序列的长度，Φ 为单位阶跃函数，λ 为 Theiler 窗口尺寸，ε 为带宽。其中，λ 的意义在于消除核密度估计中产生的偏差，而 ε 值越大，密度函数越光滑，但会增加误差，一般取时间序列标准差的 $2.5\%\sim12.5\%$。

则传递熵可以简化成核密度估计函数：

$$\hat{T}_{Y\to X}=\frac{1}{N}\sum\left(\begin{array}{l}\log(\hat{p}(x_{t+1},x_t,y_{t+\tau},\varepsilon))+\log(\hat{p}(x_t,\varepsilon))\\ -\log(\hat{p}(x_{t+1},x_t,\varepsilon))-\log(\hat{p}(x_{t+1},y_{t+\tau},\varepsilon))\end{array}\right) \tag{10.7}$$

通常情况下，具有平稳及各态历经特点的有限时间序列均可以使用核密度估计方法。反映在实际服役环境下，如果随时间推移所处的主要环境条件没有发生巨大改变，就能够认为该过程是平稳的，比如电路板的振动过程。实际工况下绝大多数平稳过程都能满足各态历经性质，因此可以利用式(10.7)进行焊点损伤建模研究，并且该式对于线性或非线性数据均适用，属于一种通用的算法。

10.2.2　模型的建立

假设焊点初始状态为完好，没有缺陷，此时 PCB 背侧区域各点的动态响应信号所形成的时间序列只与自身的历史状态有关。当在外部载荷作用下，焊点内部产生应力应变，晶体颗粒之间在应力的作用下开始产生滑移，出现微小孔洞，这些微孔洞逐渐长大、合并，使焊点出现微裂纹。在焊点裂纹萌生与扩展阶段，其内部结构在形成新的裂纹表面的过程中，焊点内部晶体之间发生了相互作用，并伴随着能量释放，此时与焊点连接在一起的PCB 对应区域各节点的动态应变信号必然会随之改变，同时随着裂纹在焊点内部的扩展，对应区域不同节点之间的信息也会相互影响，而传递熵恰好能够定量地描述这种信息传递关系，因此可以基于传递熵的理论对焊点损伤进行有效识别，最终达到评估焊点疲劳寿命的目的，如图 10.1 所示。

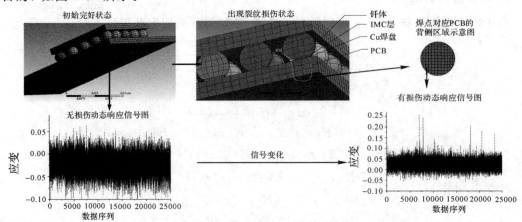

图 10.1　焊点产生裂纹过程中结构动态信号变化过程

由于焊点微小，通过焊盘连接的 PCB 背侧对应区域通常小于 $1\ \mathrm{mm}^2$，并且裂纹通常产生于焊点边缘区域，逐渐扩展到内部，因此，为简化计算，以焊点底部圆形为内切圆，划分 PCB 背侧对应区域为正方体，进而将其分割为若干个微单元体，并标记每个节点。以本文中试验所选取的 BGA 型焊点为例，其对应区域可以等分为 4 个微单元体，如图 10.2 所示。

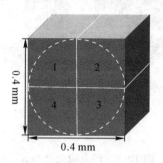

图 10.2　焊点背侧区域简化模型

虽然目前有限元分析还不能做到温度与振动的同时耦合，但是焊点在温度时效试验过程中会伴随着弹性模量的下降，因此以节点弹性模量的衰减表征焊点温度条件下的损伤等级。在不同损伤状态下进行随机振动仿真分析，固支方式为水平四角固定。

以第 1 节点区域出现损伤为例，将温度载荷条件下焊点的损伤等级设为 0、1、2、3、4，其中 0 表示焊点初始健康状态。并对该节点区域内单元进行 0%、5%、10%、20% 以及 50% 的弹性模量折减，以对应不同的损伤等级。即健康状态对应 0% 折减，损伤等级 1 对应 5% 折减，依此类推。随后在各损伤等级下，施加随机振动载荷，在 PCB 边角的四个螺钉孔施加零位移约束，在垂直于 PCB 的方向输入加速度 PSD 谱。由于电子器件的对称性，为节约计算时间，取电路板试件的 1/4 建立有限元模型，如图 10.3 所示。经模拟计算，得到焊点应变分布云图，如图 10.4 所示。由图可知位于边角的焊点变形最大，最易发生失效，因此为芯片上的关键焊点，这与之前研究得到的结果是一致的。

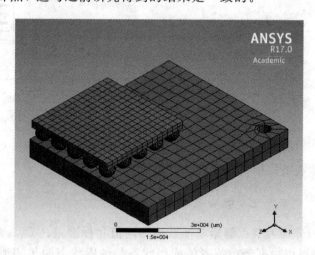

图 10.3　BGA 封装有限元模型

根据有限元仿真得到各单元应变数据，基于式(10.5)和式(10.7)，计算节点组 1 与 2、节点组 1 与 4、节点组 2 与 3、节点组 3 与 4 的传递熵。Theiler 窗口尺寸 $\lambda = 200$，带宽 $\varepsilon =$

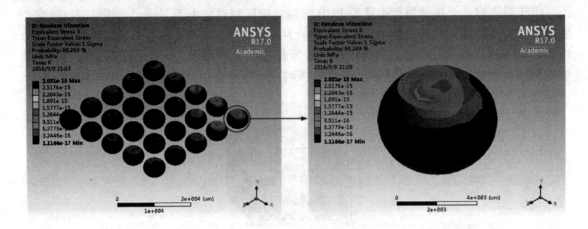

图 10.4　焊点应变分布云图

0.08。由于传递熵具有双向性，因此对同一节点组内的两节点间传递熵进行均值处理。

　　图 10.5 给出了不同损伤等级下损伤节点 1 与邻近节点 2 之间传递熵计算结果。当延时 $\tau=0$ 时，节点 1 与节点 2 的信息基本没有产生传递关系，两个节点的应变信息几乎完全由本节点决定，而传递熵也接近于 0。随着损伤等级的提高，传递熵在接近于 0 的值整体有增大趋势。这表明，由于焊点产生损伤，相邻节点的动态应变响应信号的独立性遭到破坏，即节点 1 的应变信息不再完全由自身历史信息决定，节点 2 中的响应信号也开始包含越来越多的节点 1 处的信息，两个节点之间发生了信息传递，并且这种信息传递随着损伤产生而单调快速增加。

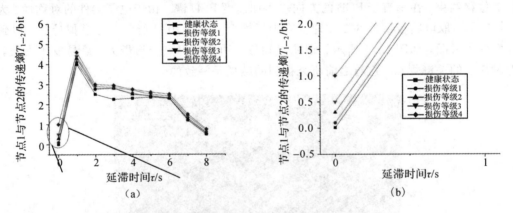

图 10.5　不同损伤等级下节点 1 与节点 2 的传递熵

　　构建表征焊点微观结构损伤的能量测度指标为

$$\eta_{X \to Y} = \frac{\bar{T}_{X \to Y}(\tau) - \mu_0(\tau)}{\sigma_0(\tau)} \tag{10.8}$$

式中，$\mu_0(\tau)$ 与 $\sigma_0(\tau)$ 分别为节点健康基准数据的均值和标准差。$\bar{T}_{X \to Y}(\tau)$ 为样本数据节点传递熵的均值。τ 值可以根据经验或者使损伤状态与健康状态的传递熵值之差取极大值而确定。根据图 10.5 可知，本实例中 $\tau=3$。

　　不同损伤等级情况下对应的节点间的能量测度值如图 10.6 所示。从图中可以看出，当节点处于无损伤的健康状态，即损伤等级为 0 时，条形图高度接近 0，表明该节点的能量测度值几乎为 0；当节点处于损伤状态时，条形图高度开始大于 0，并且随着损伤等级的增加，各组节点的能量测度值也随之增大；当损伤等级超过 3 时，即单元的弹性模量降低了20％以上，节点的能量测度值大幅度增加。

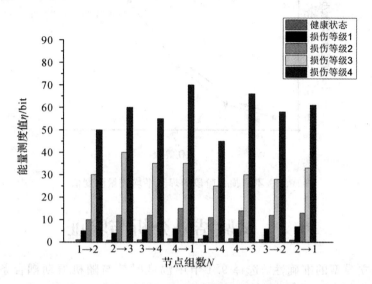

图 10.6　不同损伤等级下各组节点的能量测度值

上述能量指标是针对某个节点区域出现损伤设定的，为了进一步评估焊点整体的损伤程度与疲劳寿命，定义焊点的平均能量测度指标：

$$\xi_j = \frac{1}{N}\sum_{i=1}^{N}\eta_i \tag{10.9}$$

式中，ξ_j 为损伤等级为 j 时焊点的平均能量测度值，N 为节点组数，η_i 为第 i 组节点的能量测度值。

根据式(10.9)计算不同损伤阶段的焊点平均能量测度值，如图 10.7 所示。从图中可以看出，从损伤等级 1 开始，即弹性模量变化超过 5％，焊点的能量测度值开始显著增大，这表明此时焊点结构中已经产生了损伤。当损伤等级到达 4 时，焊点的弹性模量降低了50％，此时焊点结构出现严重损伤，可以判断焊点已经处于失效状态。

由于焊点结构在将要出现损伤之前，传递熵值会快速显著增大，且这种增大是单调的（如图 10.5(b)所示），而当焊点损伤等级≥1 时，焊点内部就已经出现损伤，因此可以利用该规律通过式(10.10)对焊点的剩余疲劳寿命进行评估与预测。

$$RUL = \left(1 - \frac{\xi}{\xi_1}\right)\cdot \bar{N}_{\mathrm{f}} \tag{10.10}$$

式中，ξ 为实测样本数据的平均能量测度；ξ_1 为该类型焊点损伤等级 1 情况下的平均能量测度，$\bar{N}_{\mathrm{f}}$ 为焊点的平均疲劳寿命。

值得说明的是，焊点出现轻微损伤时，即损伤等级为 1 时，虽然焊点还能实现芯片与电路板之间的电气连接与机械固定等功能，但已经存在极大的安全隐患，因此本书定义焊点的疲劳寿命为出现微损伤时焊点的寿命值，而不是焊点的全部寿命，后者表征的是裂纹贯通整个焊点时的寿命值。

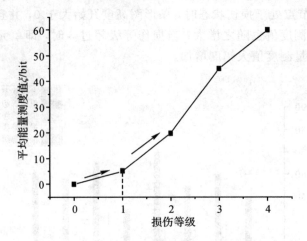

图 10.7　不同损伤阶段的焊点平均能量测度值

10.3　试验结果分析与验证

为验证所建立模型的准确性，选择 9.1 节中温度时效与随机振动耦合条件下 BGA 焊点耦合试验所监测的应变数据作为输入，将第 2、5、8 组耦合试验中所测数据代入式(10.7)～式(10.9)，计算不同损伤状态下的焊点平均能量测度值。每组试验样本数量均为 5 个。

当 BGA 焊点处于初始无损伤状态时，其金相分析如图 10.8 所示。可以看出，图中焊点表面十分完整，没有裂纹。计算三组试验中焊点初始状态的平均能量测度值，如图 10.9 所示。可以看出，当焊点处于完好状态时，其平均能量测度值基本处于零值附近。

图 10.8　无损伤状态下焊点的微观结构图

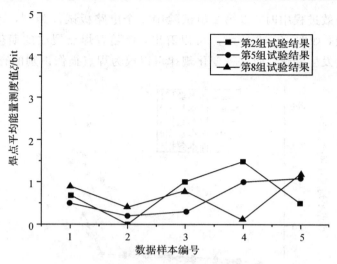

图 10.9　无损伤状态下焊点的平均能量测度值

当 BGA 焊点处于损伤状态时，计算焊点的平均能量测度值如图 10.10 所示。可以看出，焊点的平均能量测度值与初始状态相比有了大幅增加。此时，焊点金相分析如图 10.11 所示。通过与图 10.9 的对比可知，焊点裂纹的出现会使焊点平均能量测度值增大。

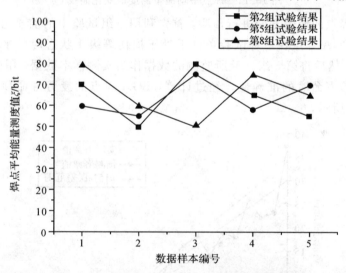

图 10.10　损伤状态下焊点的平均能量测度值

图 10.11　损伤状态下焊点的微观结构

当焊点处于失效进程中时，以第 2 组试验中 5 个电路板试件为例，计算焊点的平均能量测度值变化曲线，如图 10.12 所示。可以看出，伴随着焊点裂纹的萌生与扩展，焊点的平均能量测度值会发生变化，而这种变化规律可以成为焊点损伤识别的有效手段。

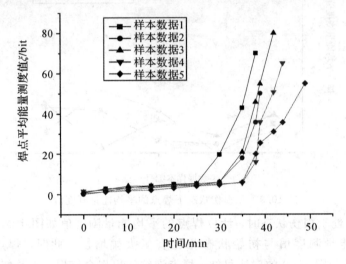

图 10.12 焊点平均能量测度值变化曲线

为进一步对焊点的疲劳寿命进行预测，首先利用三组试验中的前 4 组样本数据分别来训练模型，得到 BGA 焊点在三种试验条件下处于损伤等级 1 状态时的平均能量测度值与平均疲劳寿命值；然后将第 5 组试验所监测的数据作为实测样本数据，用以检验式(10.10)用于预测焊点疲劳寿命时的准确性。经过计算，BGA 焊点的疲劳寿命预测结果分别如图 10.13～图 10.15 所示。

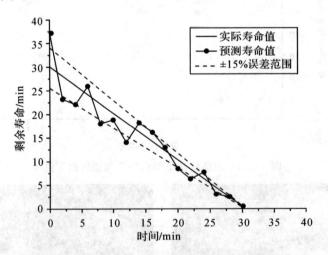

图 10.13 第 2 组试验中焊点疲劳寿命预测结果

通过分析可知，根据焊点实测样本数据计算得出的疲劳寿命预测结果的误差在±15％范围以内。由 10.2 节中模型的参数定义可知，节点健康基准数据的均值和标准差是计算焊点疲劳寿命的两个关键因素，而这两个参数是通过对训练数据进行统计分析获得的，其准确性与样本数量息息相关，因此试验样本数据越多，模型的计算误差越小。

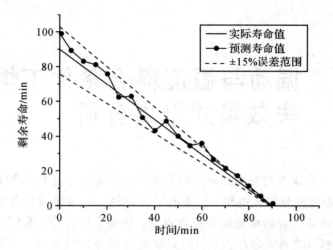

图 10.14　第 5 组试验中焊点疲劳寿命预测结果

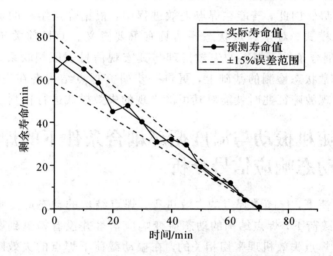

图 10.15　第 8 组试验中焊点疲劳寿命预测结果

　　值得注意的是，如果将模型输出结果与 9.1 节中得到的试验结果相比，可以发现利用该方法计算得到的焊点最终疲劳寿命值要比耦合试验的监测结果小 10～25 min 左右。其中第 2 组试验相差 12.7 min，第 5 组试验相差 20.4 min，第 8 组试验相差 25.7 min。究其原因，在 9.1 节中所做的耦合试验是以焊点完全断裂失效为标准的，即裂纹贯穿焊点的时刻为焊点的疲劳寿命。而在该方法中，焊点的疲劳寿命定义为损伤状态为 1 即焊点萌生微裂纹的时间。两者的差值的物理意义为焊点裂纹的扩展时间，而裂纹的扩展方式又与其失效机理相关。在第 2 组试验中，环境温度为 −40℃，脆性断裂是焊点断裂的主因，因此裂纹扩展的时间较短。第 5 组与第 8 组试验温度分别为 25℃ 与 105℃，随着温度升高，焊点的失效机制逐渐转为韧性断裂或脆性与韧性混合式断裂，因此裂纹扩展时间较长。

第11章　振动与温度耦合条件下焊点结构失效模式聚类分析

电子装备是由一块块电路板按照一定结构组成的，电子装备的功能日益增多，结构越来越复杂，但其核心依然是集成电路，实现电子设备整体视情维修的基础是实现对电路板级焊点健康状态的评估。在前期电路板级焊点力、热耦合试验中，我们发现除了前几章主要研究的焊点开裂模式之外，芯片脱层、焊点缺失也都是比较常见的故障模式，甚至还会出现芯片断裂，这多与振动载荷的量级有关。各类故障模式发展程度不同，焊点状态会呈现出不同的退化趋势。因此，若能在焊点失效进程中，根据焊点结构的宏观信号准确分析出即将发生的故障模式，对于焊点状态评估具有重要意义。而目前关于此方面的研究甚少，本章将力、热耦合条件下焊点的失效机理与其宏观信号表征相联系，在对振动与温度耦合条件下焊点异常状态检测的基础上，更进一步研究焊点结构潜在失效模式聚类方法，以期在焊点结构出现故障征兆时就能对其可能出现的失效模式进行预判。

11.1　随机振动与温度循环耦合条件下的焊点结构动态响应信号分析

在随机振动载荷下，伴随着焊点的失效进程，焊点结构的动态应变响应信号会发生明显变化；而在温度载荷下，焊点结构的动态应变响应信号并没有检测到明显异常。这是与两种载荷作用下的焊点失效机理密切相关的，在振动载荷下焊点的失效断裂多属于脆性断裂，裂纹萌生与扩展速度较快，故障特征明显，因此动态信号的异常检测能够捕捉到该信号的变化；而在温度载荷下，焊点的失效断裂多为韧性断裂，本质上是一个焊点较为缓慢的塑性形变过程，反映在信号上变化不明显，因此通过检测焊点结构动态应变响应信号的方法无法提取出焊点的故障特征。

通过分析焊点在振动与温度耦合条件下的失效模式与机理，在温度循环与随机振动耦合条件下，焊点的失效模式多为混合式裂纹，即焊点由单纯的脆性断裂或韧性断裂转变为两者都存在的混合式断裂。从理论上分析，该种类型的断裂模式比温度载荷下单纯的韧性断裂要剧烈，这一点从失效时间对比上即可看出，焊点的失效进程信息应该能够反映在焊点结构动态响应信号的变化中。因此，下面依然尝试利用7.3节中所介绍的动态响应信号分析方法对温度循环与随机振动耦合条件下的焊点结构动态应变响应信号进行分析，观察信号处理结果。

11.1.1　BGA焊点结构动态应变响应信号分析

基于最大谱峭度原则对9.2节试验中B13电路板试件所监测的动态时频信号进行

EMD 滤波分析，该方法在 7.3 节中已经进行过详细阐述，在此不再赘述。原始信号及重构信号的包络谱分别如图 11.1、图 11.2 所示。

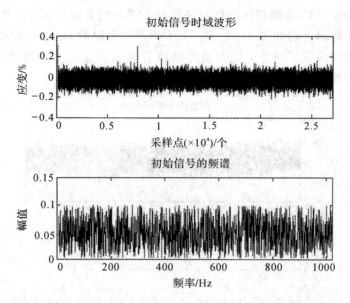

图 11.1　BGA 焊点出现微裂纹时应变信号的时域波形及其频谱

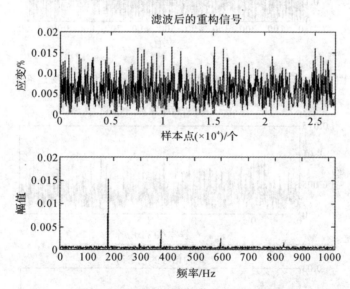

图 11.2　滤波后的重构信号及其包络谱

通过对比图 11.1 与图 11.2 可以看出，当 BGA 焊点出现微裂纹时，所监测的动态响应信号出现了异常，而处理结果表明，该方法对提取随机振动与温度循环耦合条件下的 BGA 焊点结构动态响应信号中的故障特征是有效的。因此可以将滤波后的动态响应信号的包络谱作为表征 BGA 焊点结构早期故障模式的征兆向量，并以此构成 BGA 焊点的故障征兆空间。

11.1.2　QFP焊点结构动态应变响应信号分析

对9.2节试验中A13电路板试件所监测的动态时频信号进行EMD滤波分析，原始信号及重构信号的包络谱分别如图11.3、图11.4所示。可以看出QFP焊点出现微裂纹时，其动态响应信号同样出现了异常，因此也将滤波后动态响应信号的包络谱作为表征QFP焊点结构早期故障模式的征兆向量并构建故障征兆空间。

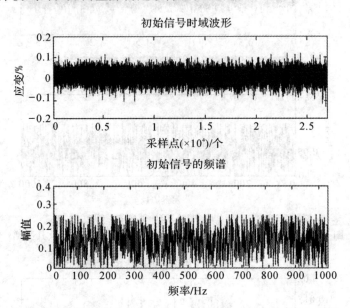

图11.3　QFP焊点出现微裂纹时应变信号的时域波形及其频谱

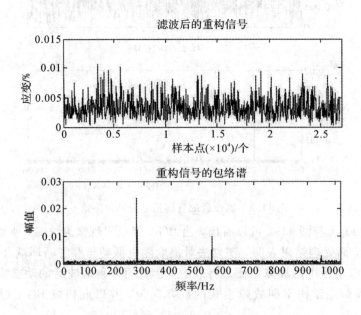

图11.4　滤波后的重构信号及其包络谱

11.2　基于径向基核函数概率距离的焊点结构故障模式聚类

通过 11.1 节的分析可知，当焊点出现故障时，会在其动态应变响应信号上有所反映，但仅能确定焊点结构出现异常，并不能判断是哪种故障模式。本节在构建故障征兆空间基础上，对焊点结构故障模式辨识问题进行深入研究。

在 9.3 节中，已经对 BGA 与 QFP 焊点开裂的故障模式进行了详细的分析，可以发现，焊点裂纹出现的位置及扩展程度具有随机性较大的特点，这可能导致同一故障模式的包络谱存在差异，比如裂纹长度为 0.01 mm 与裂纹长度为 0.05 mm 都属于微裂纹，但表征信号的包络谱的值可能会有所不同。同时，通过分析 5 年（2008 — 2013 年）内该 ARM 核心的微控制器在实际服役过程中出现的故障信息，会发现芯片脱层、焊点缺失也都是比较常见的故障模式，甚至还会出现芯片断裂。这些故障模式同样存在故障位置、故障程度的随机性，所以基于包络谱信号构建的故障征兆空间同样具有较强的非线性与不确定性。因此，可以定性焊点结构故障模式辨识问题属于带有概率特征的非线性聚类范畴。

目前，聚类分析的方法有很多，绝大多数只能解决线性聚类问题，如 k-means 聚类、模糊 k-means 聚类、马尔科夫随机场、仿射传播等。能够解决非线性聚类问题的方法只有核 k-means 聚类、支持向量机聚类、核模糊聚类等算法，这类算法均是将核函数理论与聚类分析方法相结合。本节在前期构建焊点结构故障征兆空间的基础上，应用高斯径向基核函数概率距离方法，将非线性故障征兆数据映射到高维 Hilbert 空间，对其进行聚类分析形成表征焊点结构健康状态与各故障模式的类中心，然后根据实时监测的焊点结构的包络谱数据计算与各中心的概率距离，判断其所属的状态，从而实现对其故障模式的早期辨识。

11.2.1　概率距离聚类方法原理

概率距离聚类是由 Israel 等人提出的一种稳健的统计分类方法，一般只需几步迭代即可收敛。设 $x = (x_1, x_2, \cdots, x_n)$ 为 n 维故障征兆空间 $\mathbf{R}^n$ 中的征兆向量，$C_i (i = 1, 2, \cdots, k)$ 为存在于 $\mathbf{R}^n$ 中的类，c_i 表示类中心，$d_i(x)$ 表示向量 x 与第 i 类中心的距离，$p_i(x)$ 表示向量 x 隶属于第 i 类的概率。

在概率距离聚类中，对于任何向量 x 与类 C_i，均有

$$p_i(x) d_i(x) = O(x) \qquad (i = 1, 2, \cdots, k) \tag{11.1}$$

其中，$O(x)$ 称为向量 x 的距离函数，用以度量 x 到 $c_i (i = 1, 2, \cdots, k)$ 中心的距离，仅与 x 有关，当向量 x 确定时，其值也随之确定。该式的物理意义为向量 x 属于第 i 类的隶属概率 $p_i(x)$ 越大，则其到该类中心 c_i 的距离值 $d_i(x)$ 越小，反之亦然。

根据式（11.1）与概率值和为 $1 \left(\sum\limits_{t=1}^{k} p_t(x) = 1 \right)$ 的原则，向量 x 隶属于 C_i 的概率可表示为

$$p_i(x) = \frac{1}{\sum\limits_{t=1}^{k} \dfrac{d_i(x)}{d_t(x)}} = \frac{\prod\limits_{j \neq i} d_j(x)}{\sum\limits_{t=1}^{k} \prod\limits_{j \neq t} d_j(x)} \tag{11.2}$$

将式(11.2)代入式(11.1)，可得

$$O(\boldsymbol{x}) = \frac{\prod\limits_{j=1}^{k} d_j(\boldsymbol{x})}{\sum\limits_{t=1}^{k} \prod\limits_{j \neq t} d_j(\boldsymbol{x})} \tag{11.3}$$

设数据集合为$\{x_i \mid i=1, 2, \cdots, M\}$，则集合中所有向量与空间$\mathbf{R}^n$中类中心$c_i$($i=1$，$2, \cdots, k$)的距离函数总和可表示为

$$f(c_1, c_2, \cdots, c_k) = \sum_{i=1}^{M} \frac{\prod\limits_{j=1}^{k} d_j(x_i)}{\sum\limits_{t=1}^{k} \prod\limits_{j \neq t} d_j(x_i)} \tag{11.4}$$

由于$O(\boldsymbol{x})$为距离$d_i(\boldsymbol{x})$的单调函数，其值越大表示向量$\boldsymbol{x}$分类的不确定性越大。因此可通过输入训练数据集，经过一系列迭代使$f(c_1, c_2, \cdots, c_k)$函数值最小化来确定$\mathbf{R}^n$空间中的k个类的中心。令$\dfrac{\partial f(c_1, c_2, \cdots, c_k)}{\partial c_k} = 0$，则

$$c_k = \sum_{i=1}^{M} \left(\frac{u_k(x_i)}{\sum\limits_{j=1}^{M} u_k(x_j)} \right) \cdot x_i \tag{11.5}$$

$$u_k(x_i) = \begin{cases} \dfrac{p_k^2(x_i)}{d_k(x_i)}, & x_i \neq c_k \\ 1, & x_i = c_k \end{cases} \tag{11.6}$$

其中，$u_k(x_i)$称为权系数。确定类中心之后，即可通过计算输入数据的隶属概率实现数据的聚类。

11.2.2　焊点结构潜在故障的核函数概率距离聚类方法

在外界载荷作用下板级封装故障的随机性，使得表征焊点结构潜在故障的特征向量并非是线性不变的，因此输入空间为非线性数据集。这种情况下，可利用核函数将其转换到Hilbert空间，使得输入空间由原来非线性不可分在高维空间变为线性可分。即首先基于高斯径向基核函数将故障数据的包络谱进行非线性变换，然后训练生成表征健康及各故障模式的聚类中心点，最后根据试验中实时监测的数据计算其与各中心的概率距离，判断其所属的状态，从而实现对封装故障模式的早期辨识。具体算法步骤如下：

步骤1：将前期试验与实际服役中较为常见的各故障模式(焊点开裂、芯片断裂、焊点/引线缺失、芯片脱层)与出厂健康状态对应的包络数据作为训练数据集$x = \{x_i \mid i=1, 2, \cdots, n\}$，$x_i \in \mathbf{R}^n$。基于高斯径向基函数$k(x_i, x_j) = \mathrm{e}^{-\frac{1}{\sigma^2}(x_i - x_j)^2}$对其进行非线性变换$x \to \varphi(x)$，$\mathbf{R}^n \to F$，得到映射数据集$\varphi(x) = \{\varphi(x_i) \mid i=1, 2, \cdots, n\}$。

步骤2：选择5个映射数据$(\varphi(c_1), \varphi(c_2), \cdots, \varphi(c_5))$构成生成空间$F$中的表征封装结构5种状态的聚类中心。

步骤3：根据式(11.1)～式(11.3)，在空间F中计算数据集合中每一元素$\varphi(x_i)$与类

中心 $\varphi(c_k)$ 的欧氏距离与隶属概率：

$$d_k(\varphi(x_i)) = \| \varphi(x_i) - \varphi(c_k) \|$$

$$p_k(\varphi(x_i)) = \frac{\prod\limits_{j \neq i} d_j(\varphi(x_i))}{\sum\limits_{t=1}^{k} \prod\limits_{j \neq t} d_j(\varphi(x_i))}$$

步骤 4：根据式(11.4)与式(11.6)，计算 $\varphi(x_i)$ 的权系数：

$$u_k(\varphi(x_i)) = \begin{cases} \dfrac{p_k^2(\varphi(x_i))}{d_k(\varphi(x_i))}, & \varphi(x_i) \neq \varphi(c_k) \\ 1, & \varphi(x_i) = \varphi(c_k) \end{cases}$$

步骤 5：根据式(11.5)更新 F 空间中的类中心，$\varphi(c_k) = \sum\limits_{i=1}^{M} \left(\dfrac{u_k(\varphi(x_i))}{\sum\limits_{j=1}^{M} u_k(\varphi(x_j))} \right) \cdot \varphi(x_i)$ 。

步骤 6：重复步骤 2 至步骤 4，直到类中心变化误差小于 0.01 为止。

步骤 7：将当前状态包络谱数据作为输入数据集 y，计算其隶属概率，并将其划归为隶属概率最大的类，$p_k(\varphi(y)) = \max\limits_{1 \leqslant i \leqslant 5}\{p_i(\varphi(y))\}$ 。

11.3 实 例 验 证

11.3.1 BGA 焊点结构故障模式聚类结果分析

根据前期试验数据及实际服役过程中 BGA 板级封装结构出现的常见故障模式数据，将焊点结构的状态划分为 5 类：健康（Health）、焊点开裂（Solder Cracking）、芯片断裂（Chip Cracking）、焊点缺失（Interconnect Missing）、芯片脱层（Chip Delamination）。

设置类数目为 5，高斯径向基核函数宽度参数 $\sigma = 175$，利用核函数对输入数据进行变换后，映射数据变得较为稀疏，使分类较为容易。在外界载荷作用下，板级封装结构在发生彻底失效前，按照 11.1 节中所述方法生成的故障征兆向量即重构信号的包络谱会发生变化。

通过对 50 组 BGA 试验件的随机振动与温度循环耦合试验数据统计分析，训练生成的 BGA 板级封装结构各状态聚类中心如图 11.5 所示，训练误差变化如图 11.6 所示。

从图 11.5 中可以看出，焊点开裂是最容易出现的故障模式，各类故障模式所对应的特征值呈现出以中心辐射状分布的特点。同时可以发现，由于板级封装出现微损伤的程度、部位及模式具有较大的随机性与并发性，表征同一故障模式的包络谱会存在差异，因此表征故障模式的故障征兆向量值为一个值域区间而并非定值，具有一定的统计特性，具体试验统计结果如表 11.1 所示。不同故障模式的包络谱之间也可能会存在混叠现象，比如焊点开裂的表征频率区间为 175～334 Hz，焊点缺失的表征频率区间为 170～416 Hz，因此当信号的特征频率为 300 Hz 时，无法确定它到底属于哪种故障模式，但是两者的幅值区间存在差异，前者为 0.003～0.018，而后者为 0.045～0.049。因此，结合故障征兆向量的幅值与频率的变化，可以在故障征兆期较容易地发现并辨识出封装结构中潜在的故障模式，从而最大限度地避免故障发生。

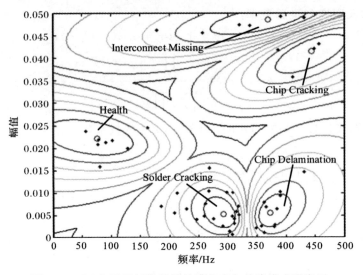

图 11.5　BGA 板级封装结构健康状态与故障模式聚类图

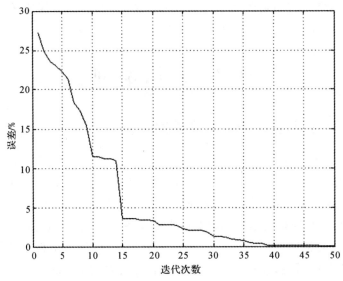

图 11.6　训练误差变化图

表 11.1　BGA 封装随机振动与温度循环耦合试验结果

试验序号	故障模式	故障征兆向量的特征值区间				辨识率/准确率
		频率/Hz		幅值		
		极小值	极大值	极小值	极大值	
5,8,10,14,15,19,46,48	健康	52	165	0.017	0.026	87.5%
1,3,6,7,9,11,12,17,19,20,21, 22,25,31,35,38,42,45,47,49,50	焊点开裂	175	334	0.003	0.018	90.5%
18,32,39,41	芯片断裂	385	462	0.035	0.042	100%
2,4,23,26,28,34	焊点缺失	170	416	0.045	0.049	83.3%
13,16,24,27,30,33,36,37,40,43,44	芯片脱层	345	438	0.003	0.016	90.9%

　　为进一步验证对板级封装故障模式辨识的准确性，将随机振动与温度循环耦合试验中 BGA 封装出现的 5 组早期故障试验数据作为输入，计算其分类结果，如图 11.7 所示。通过金相分析等手段观察这 5 组试验的最终结果，以第 1 组试验件为例，焊点截面的金相分析如图 11.8 所示。从图中可以清晰地看出，在 PCB 侧焊点出现了微裂纹。在焊点裂纹故障征兆出现时有效地辨识出了板级封装将要出现的故障模式，验证了该方法对板级封装状态辨识的准确性。

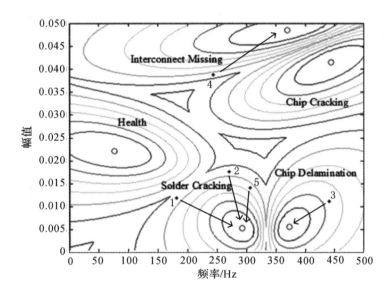

图 11.7　BGA 封装的故障征兆向量分类图

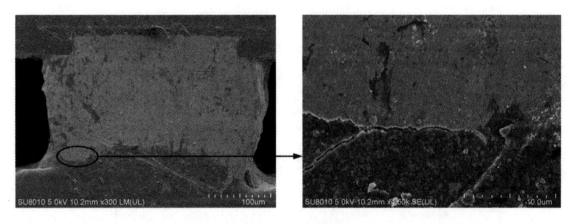

图 11.8　焊点在近 PCB 侧出现微损伤的截面图

11.3.2　QFP 焊点结构故障模式聚类结果分析

　　同样，根据前期试验数据及实际服役过程中 QFP 板级封装结构出现的常见故障模式数据，将焊点结构的状态划分为 5 类：健康（Health）、焊点开裂（Solder Cracking）、芯片断裂（Chip Cracking）、引线缺失（Lead Missing）、芯片脱层（Chip Delamination）。

设置类数目为 5，高斯径向基核函数宽度参数 $\sigma = 150$，通过对 50 组 QFP 试验件的随机振动与温度循环耦合试验数据统计分析，训练生成的 QFP 板级封装结构各状态聚类中心如图 11.9 所示，训练误差变化如图 11.10 所示。可以看出，QFP 封装结构的各类故障模式所对应的特征值也呈现出以中心辐射状分布的特点，同样存在统计特征，表征同一故障模式的包络谱会存在差异，并且不同故障模式的包络谱之间也可能会存在混叠现象。具体试验统计结果如表 11.2 所示。

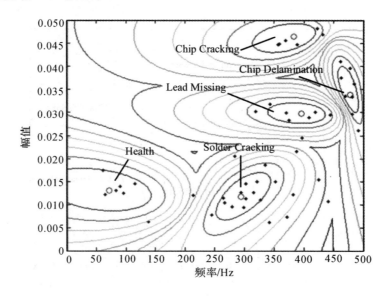

图 11.9　QFP 板级封装结构健康状态与故障模式聚类图

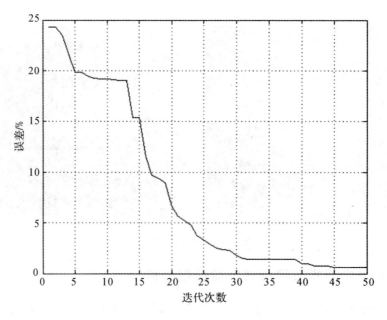

图 11.10　训练误差变化图

表 11.2　QFP 封装随机振动与温度循环耦合试验结果

试验序号	故障模式	故障征兆向量的特征值区间				辨识率/准确率
		频率/Hz		幅值		
		极小值	极大值	极小值	极大值	
8,12,16,23,30,34,41,45	健康	54	213	0.007	0.018	87.5%
1,2,4,7,11,17,20,21,22,26,28,29,31,35,37,38,40,46,48,49	焊点开裂	248	441	0.006	0.022	95%
3,6,13,18,25,39,43,50	引线缺失	312	443	0.024	0.032	87.5%
5,9,15,24,33,42	芯片断裂	350	438	0.044	0.048	83.3%
10,14,19,27,32,36,44,47	芯片脱层	447	490	0.027	0.042	100%

　　验证方法与 11.3.1 小节类似,将随机振动与温度循环耦合试验中 QFP 封装出现的 5 组早期故障试验数据作为输入,对 QFP 板级封装故障模式辨识的准确性进行验证,金相分析的结果与故障模式聚类的结果相吻合,不再赘述。

第12章　振动与温度耦合条件下焊点结构多状态退化建模

通过上一章对焊点结构潜在故障模式聚类分析可知，在振动与温度耦合载荷下，焊点从健康状态到出现某种故障模式是一个随时间渐变的过程，即在耦合载荷下，焊点的失效进程是一个多状态退化过程。通过对力、热耦合试验中与应变数据同步采样的焊点两端的电阻信号分析，发现焊点电阻信号在振动与温度耦合试验过程中，呈现出了阶段性增大的特征。在之前单一载荷试验中，发现焊点电阻信号或呈现出突变特征（振动），或特征极其不明显（温度）。焊点电信号在振动与温度耦合载荷及单一载荷下的观测结果存在差异，本质上也是由于不同的失效机理导致的。而在实际服役环境中，我们可以利用焊点电阻信号呈现的阶段退化特征，对焊点结构实时状态进行有效评估。

因此，本章在分析焊点电信号的基础上，采用连续时间隐半马尔科夫过程的方法建立焊点结构多状态退化的动态更新模型，以准确描述焊点结构退化过程与所监测电阻值之间的关系。通过在线监测数据对焊点结构所处状态进行预测，为制订相应的维修决策提供状态信息支持。

12.1　建模需求分析

目前，关于系统退化建模的方法很多，大致可分为两大类。一类是基于知识库的方法，例如模糊逻辑和专家系统等。这类方法对专家知识依赖严重，不适用先验知识匮乏的场合，并且静态的知识库使模型的输出表达中不包含时间参数，削弱了方法的实用性。另一类是基于数据挖掘的方法，基于装备的历史运行数据，提取隐含在其中的有用信息，对它的性能或状态进行建模，并对未来运行趋势进行预判。数据挖掘的方法根据所用理论的不同又可分为两种，即数理统计的方法和人工智能的方法。其中，数理统计的方法包括各种回归模型、Bayesian网络、线性和二次判别式、马尔科夫（Markov）过程等。人工智能的方法目前大多是基于人工神经网络、支持向量机以及它们的衍生模型，例如多项式神经网络、小波动态神经网络、小波支持向量机、最小二乘支持向量等。

根据前文振动与温度耦合作用下焊点疲劳失效的研究结果，焊点失效机理基本以脆性与韧性的混合式断裂为主，不同量级的振动载荷与温度载荷的耦合会导致焊点失效模式发生变化。此种断裂机制在微观结构上，表现为焊点裂纹萌生与扩展方式具有一定的随机性，而在宏观状态上表现为焊点状态的非线性变化。因此，焊点的失效机理决定了焊点状态具有较强的随机性与非线性特点。在多次重复的振动与温度耦合加速试验中，我们发现焊点的电阻信号随试验时间出现了阶梯状逐步增大的特征，这与单一振动/冲击载荷下的研究结果是不同的，在此过程中也积累了大量的试验数据。而在数据充足的情况下基于马尔科夫过程的建模方法是一种较好的时空建模方法。

　　传统的马尔科夫退化模型以转移速率是常数为前提条件，忽略了系统随时间老化带来的影响。同时，转移结构的单一化也常常与实际应用场合不符。而连续时间隐半马尔科夫（Continuous-time Hidden Semi-Markov Process，CTHSMP）建模不受故障率为常数的限制，状态持续时间也不仅仅指定服从指数分布，更符合实际应用。因此本章基于连续时间隐半马尔可夫过程提出一种更加灵活的动态随机建模方法，能够快捷、准确地刻画焊点退化过程，并且能够根据实时监测数据进行在线状态监控。

12.2　隐半马尔可夫模型基本理论

　　相比于传统的 Markov 过程，隐马尔科夫模型（Hidden Markov Model，HMM）中的观测信息只是状态的某种表现形式，并不是一一对应的关系，两者通过观测概率分布相联系。因此，HMM 是双重随机过程，一个是基本随机过程，用以描述状态转移；另一个随机过程描述状态与观测值之间的统计关系，如图 12.1 所示。

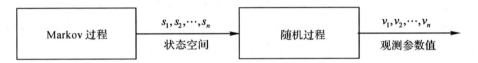

图 12.1　隐马尔科夫模型基本结构图

　　隐马尔科夫模型包含的参数主要有：Markov 过程的状态数目（N），即模型中的隐藏状态数目；观测参数特征值空间（V）；状态转移图及转移率函数等。但是，由于基于马尔科夫过程的假设，采用隐马尔科夫模型进行过程建模时，其某一隐藏状态的驻留概率随时间呈指数下降的趋势，这与多数故障演化过程是不相符的。

　　为解决该问题，隐半马尔科夫模型（Hidden Semi-Markov Model，HSMM）引入各种显式的状态驻留概率分布，使模型更适合描述故障演化或性能退化过程，典型的隐半马尔科夫模型拓扑结构如图 12.2 所示。

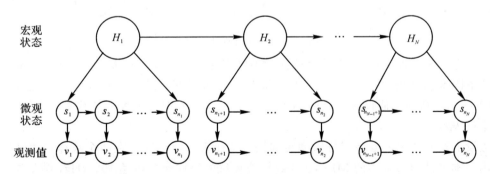

图 12.2　隐半马尔科夫模型的拓扑结构

　　隐半马尔科夫模型的状态可分为宏观和微观两种，宏观状态由一定数量的微观状态组成。宏观状态之间的转移遵循马尔科夫过程，而微观状态之间的转移一般情况下并不是马尔科夫过程，这也是称之为半马尔科夫过程的原因。

12.3　基于连续时间隐半马尔可夫过程的焊点多状态退化建模

12.3.1　模型的要素与假设

一个基于连续时间隐半马尔科夫模型($\langle N, V, D, \lambda \rangle$)包含的要素如下：

（1）状态数目（N）。假设焊点在退化过程中存在 N 个有限的状态，状态 1 代表健康状态，状态 N 代表完全失效状态，即焊点由健康到失效的过程可以表示为状态 $1 \rightarrow N$，每个状态表征一定的损伤程度。

（2）监测参数特征空间（V）。在焊点性能退化过程中所监测的电阻参量表示为参数指标，$V = \{v_1, v_2, \cdots, v_m\}$。该参数值与焊点退化过程存在一定的关系，但是由于焊点失效机理的复杂性，两者的关系存在很大程度的随机性，因此用一个 N 行（状态数目）m 列（参数值数目）的非参数离散概率分布矩阵来描述，称为观测概率矩阵（$\boldsymbol{B}$）。该矩阵中第 i 行第 j 列元素表示当焊点处于状态 i 时，观测到第 j 个参数空间值的概率。

（3）状态转移图（D）。在焊点退化过程中，假设不存在维修条件，状态转移方向为单向的，即由左至右代表退化趋势，如图 12.3 所示。在退化建模中，主要考虑有两种类型的状态转移，一种是由健康到失效的依次转移（类型Ⅰ），一种是从某个中间状态直接转移到失效状态（类型Ⅱ）。类型Ⅰ的物理意义为韧性断裂模式，焊点历遍中间状态直至失效；类型Ⅱ的物理意义为脆性断裂或者混合断裂模式，焊点没有历遍整个退化过程，只是经历了中间几个状态。

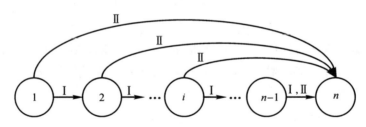

图 12.3　多状态退化转移图

（4）转移率函数（λ）。由于外界载荷的不确定性，焊点从当前状态转移至下一状态的概率与以下因素息息相关：① 焊点在当前状态的驻留时间；② 焊点到达当前状态的时间；③ 焊点的总寿命等。假设焊点在时刻 s 到达状态 i，则在时刻 t 焊点从状态 i 转移至状态 j 的概率可表示为 $\lambda_{i,j}(s, t)$。

假设上述所监测的参数采样频率足够快，没有状态转移发生在两个采样点之间的时间间隔内。本书试验中采用的 MI-7016 数据采集仪的采样频率可达 192 kHz，满足焊点状态退化建模的要求。

12.3.2　焊点多状态退化建模过程

在非齐次马尔科夫模型中，任意两种状态的间隔时间为独立变量，不存在统一的分布函数，这与焊点的退化过程的随机性是相一致的。假设(X, T)代表焊点退化过程，它具备非齐次马尔科夫更新过程的性质：

$$P\{X_{n+1}=j,T_{n+1}\leqslant t\mid X_n=i,T_n=s,(X_k,T_k),0\leqslant k\leqslant n\}$$
$$=P(X_{n+1}=j,T_{n+1}\leqslant t\mid X_n=i,T_n=s,\forall(i,j)\in N) \tag{12.1}$$

式中，X_n 和 T_n 分别代表第 n 次转换的状态和时间。则焊点在时刻 t 的退化过程可以定义为

$$Z_t=X_{n_t},n_t=\sup\{n:T_n\leqslant t\} \tag{12.2}$$

式中，n_t 表示在时刻 t 到达之前的转换次数。由于 t 为连续时间，所以焊点的退化过程属于非齐次连续时间半马尔科夫过程。

在焊点退化建模中有两个随机变量，一个是焊点的状态，另一个是所监测的参数变量。令 $V=\{v_1,v_2,\cdots,v_m\}$ 表示包含 m 个数值的参数空间，同时定义一个随机变量 W_n，代表第 n_{th} 个采样点的观测数值。则焊点退化过程与所监测参数之间的关系可以表示为

$$P\{W_n=v_j\mid(W_k,X_k),0\leqslant k\leqslant n\}=P(W_n=v_j\mid X_n=i)=b_{i,j},\forall i\in N,1\leqslant j\leqslant m$$
$$\tag{12.3}$$

式中，$b_{i,j}$ 为观测概率矩阵中的元素。此时，定义 $Y_t(Y_t\in V,t>0)$ 为时刻 t 的监测参数值，则

$$Y_t=W_{n_t'},n_t'=\sup\{n:T_n\leqslant t\} \tag{12.4}$$

式中，n_t' 为到达时刻 t 之前的采样点数目。由于 Z_t 为一个非齐次连续时间半马尔科夫过程，则 (Z,Y) 为一个非齐次连续时间隐半马尔科夫过程。

因此，焊点的退化过程可以表示为 $\Omega=\{N,D,\lambda,V\}$。可以看出，该模型成功与否的关键在于合理设计四个参数，以准确描述焊点退化过程与所监测电阻值之间的关系。

（1）监测参数特征空间（V）。在焊点多状态退化建模中，其电阻值的变化包含了自身的状态信息。焊点的电阻值可以看作是连续变化的，而参数特征空间（$V=\{v_1,v_2,\cdots,v_m\}$）反映的是焊点损伤等级，因此首先需要将所监测的焊点电阻值离散化，将采样值划分成 m 簇，以构成参数的特征空间。一个合理的特征空间应该在焊点寿命周期内呈现单调趋势，m 值过大或过小均不能有效反映焊点的失效进程。本节采用无监督 Kohonen 自组织特征映射算法对所监测电阻采样空间进行自适应划分，二维阵列 Kohonen 网络模型如图 12.4 所示。该算法通过计算输入数据的相似度对输入空间进行分类，并以拓扑结构的形式作为模型的输出。

详细的算法步骤如下：

步骤 1：网络初始化，设置输入层与映射层之间的连接权值为任意随机数。

步骤 2：将所监测的焊点参数数据作为输入向量 $X=(x_1,x_2,\cdots,x_n)^T$。

步骤 3：计算映射层中第 j 个神经元与输入向量 X 的欧氏距离：

$$d_j=\sqrt{\sum_{i=1}^n(x_i(t)-\omega_{ij}(t))^2}$$

式中，ω_{ij} 为输入层第 i 个神经元与映射层第 j 个神经元之间的权值。

步骤 4：以最小化 d_j 为目标，计算得出输出神经元 j^* 及其邻接神经元集合。

步骤 5：修正输出神经元及其邻接神经元的权值。计算公式为

$$\begin{cases}\Delta\omega_{ij}=\omega_{ij}(t+1)-\omega_{ij}(t)=\eta(t)(x_i(t)-\omega_{ij}(t))\\\eta(t)=\dfrac{1}{t}\end{cases} \tag{12.5}$$

步骤 6：计算输出 $o = f(\min\limits_{j}(d_j))$，$f(*)$ 为 $0 \sim 1$ 函数。

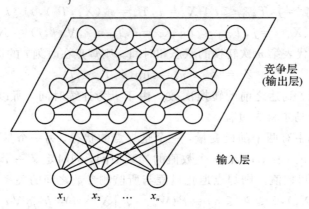

竞争层
（输出层）

输入层

$x_1 \quad x_2 \quad \cdots \quad x_n$

图 12.4　二维阵列 Kohonen 网络模型

（2）状态转移图（D）。根据上一节所述，由左至右的焊点多状态转移图包含了韧性断裂、脆性断裂以及混合断裂等退化过程，这与实际服役环境中焊点的失效进程是相符的。

（3）转移率函数（λ）。焊点从当前状态 i（$1 \leqslant i \leqslant n-1$）转移至相邻的下一状态与当前状态的驻留时间及焊点的损伤等级有关，而焊点从当前状态 i（$1 \leqslant i \leqslant n-2$）转移至失效状态 N 与焊点的寿命及损伤等级有关。本节采用退化建模中常用的威布尔分布来描述焊点状态转移分布，因此转移率函数的统计形式可以表示如下：

$$\lambda_{i,j}(s,t) = \begin{cases} \dfrac{\beta_{i,j}}{\alpha_{i,j}}\left(\dfrac{t}{\alpha_{i,j}}\right)^{\beta_{i,j}=1}, & 1 \leqslant i \leqslant N, j = i+1 \\[3mm] \dfrac{\beta_{i,j}}{\alpha_{i,j}}\left(\dfrac{s+t}{\alpha_{i,j}}\right)^{\beta_{i,j}=1}, & 1 \leqslant i \leqslant N-2, j = N \end{cases} \tag{12.6}$$

式中，t 为在当前状态 i 的驻留时间，α 与 β 为威布尔分布的尺度参数与形状参数，值得注意的是 α 和 β 均为矩阵形式，并且焊点状态转移的单向性使得 α 与 β 均为上三角矩阵，矩阵中元素 $\alpha_{i,j}$ 与 $\beta_{i,j}$ 为从状态 i 转移至状态 j 的威布尔特征参数。

（4）状态数目（N）。合理确定焊点的状态数目，使之能够较为准确地反应焊点的退化过程。基于前面的研究及焊点的历史故障及维修信息，将焊点状态的数目设置为 4，即健康（Health）、轻微损伤（Slight Damage）、中度损伤（Medium Damage）以及完全失效（Failure）。

在焊点的多状态退化模型中，有 2 组重要参数需要估计，即用以描述监测参数特征空间与焊点状态之间关系的观测概率矩阵和状态转移率函数的分布参数。本书将监测数据分为训练数据集和测试数据集两部分，基于 BP 神经网络（Back Propagation Neural Network，BPNN）与遗传算法（Genetic Algorithm，GA）将参数估计问题转换为优化问题。假设训练数据集中存在 K 组监测数列，第 k 组数列可表示为 O^k，该数列包含在 $t_1^k, t_2^k, \cdots, t_{d_k}^k$ 时刻采集到的 d_k 个监测数据。O_p^k 表示第 k 组数列在 t_p^k 时刻的监测数据值。令待估计参数为 θ，则 $P(O^k|\theta)$ 表示在第 k 组监测数列下的条件概率。因此可以构造包含待估计参数的函数如式（12.7），结合 BP 神经网络与遗传算法，通过计算函数的极值求得参数 θ 的最优值。算法流程图如图 12.5 所示。

$$L = \prod_{k=1}^{K} P(O^k \mid \theta) \tag{12.7}$$

$$L' = \log(L) = \sum_{k=1}^{K} \log(P(O^k \mid \theta)) \tag{12.8}$$

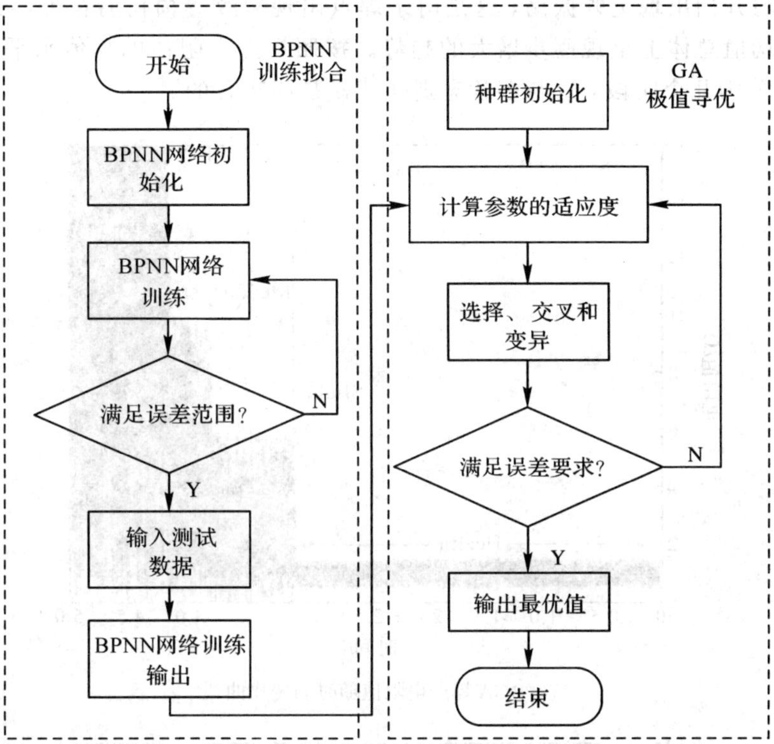

图 12.5　算法流程图

由于振动与温度耦合试验中采样频率远远高于状态转移速率，因此所监测的数据序列中存在大量的冗余数据。为提高模型运算效率，采取等间隔抽样法对监测数据序列进行精简，每隔 10 个采样点抽取 1 个数据，组成新的数据序列。

根据所划分的特征空间，确定 BP 神经网络模型的输入参数为 m 个，输出参数为 1 个。选取 40 组数据序列作为 BP 神经网络模型的训练数据集，5 组数据序列作为测试数据集，待 BP 模型训练结束后，采用遗传算法通过交叉、变异等操作搜索函数的最优解及对应输入值。遗传算法的迭代次数设为 100 次，种群规模为 10，个体长度为 m，交叉与变异概率分别为 0.4 与 0.2。选择操作采用轮盘赌法，交叉操作采用实数交叉法。选取第 i 个个体的第 j 个基因进行变异操作方法如下：

$$a_{ij} = \begin{cases} a_{ij} + (a_{ij} - a_{max})f(g) & 0.5 < r < 1 \\ a_{ij} + (a_{min} - a_{ij})f(g) & 0 < r \leqslant 0.5 \end{cases} \tag{12.9}$$

$$f(g) = r'\left(1 - \frac{g}{G}\right)^2 \tag{12.10}$$

式中，a_{max} 与 a_{min} 分别表示基因 a_{ij} 的极大与极小值，g 为当前迭代次数，r 与 r' 为随机数。

12.3.3　试验结果分析与验证

在随机振动与温度循环耦合试验中，图 12.6 记录了 BGA 与 QFP 封装焊点由健康状态到完全失效的电阻值变化，可以看出两种类型的焊点具有相似的退化规律。

在焊点完好无损伤时，菊花链监测电阻值几乎为零，随着试验的进行，当焊点出现损伤时，焊点电阻开始出现宽幅振荡，这是由于焊点出现裂纹等损伤后在外界载荷下不断开合造成的，但均值总体上呈现逐步增大的趋势。按照焊点电阻值的均值水平，可以将焊点的失效过程划分为几个阶段，这与多状态退化建模是相吻合的。

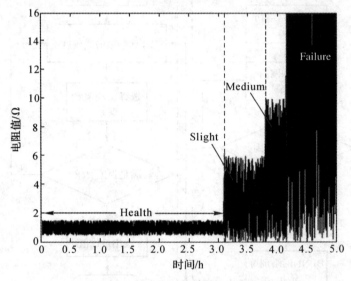

(a) BGA 焊点电阻值随时间变化曲线

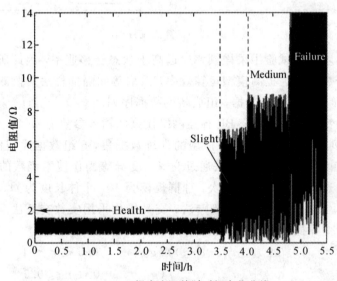

(b) QFP 焊点电阻值随时间变化曲线

图 12.6 BGA 与 QFP 封装焊点随时间的退化过程

以 BGA 封装焊点为例，将之前随机振动与温度循环耦合试验中积累的监测数据作为输入向量，采用 Kohonen 自组织特征映射算法划分监测参数特征空间，输出结果如图 12.7 所示。在图 12.7(a)中，六边形代表神经元，其之间的连线代表邻近神经元之间的连接，每个菱形的颜色代表神经元之间的距离，颜色越深代表距离越远，最终参数特征空间被划分为 8 部分，如图 12.7(b)所示。

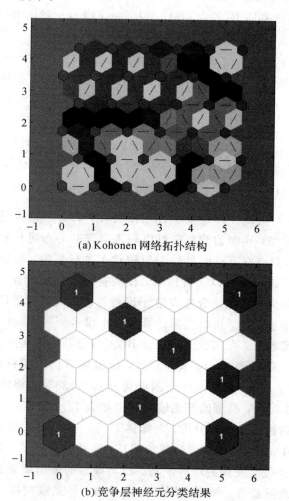

(a) Kohonen 网络拓扑结构

(b) 竞争层神经元分类结果

图 12.7　Kohonen 网络输出结果

由此可知 $m=8$，观测状态矩阵($\boldsymbol{B}$)可以确定为 4 行 8 列的矩阵，经过 BP 神经网络训练与 GA 寻优，得到观测状态矩阵及状态转移率函数的分布参数计算结果如下：

$$\boldsymbol{B} = \begin{bmatrix} 0.60 & 0.35 & 0.03 & 0.02 & 0 & 0 & 0 & 0 \\ 0.20 & 0.45 & 0.20 & 0.10 & 0.03 & 0.02 & 0 & 0 \\ 0 & 0 & 0.15 & 0.15 & 0.30 & 0.20 & 0.20 & 0 \\ 0 & 0 & 0 & 0.05 & 0.05 & 0.15 & 0.25 & 0.50 \end{bmatrix}$$

$$\boldsymbol{\alpha} = \begin{bmatrix} 0 & 20 & 0 & 70 \\ 0 & 0 & 25 & 65 \\ 0 & 0 & 0 & 25 \end{bmatrix}, \boldsymbol{\beta} = \begin{bmatrix} 0 & 5 & 0 & 8 \\ 0 & 0 & 4 & 9 \\ 0 & 0 & 0 & 5 \end{bmatrix}$$

至此，焊点的多状态退化模型($\Omega = \{N, D, \lambda, V\}$)参数计算完成。基于焊点的多状态退化模型，可以对焊点的状态进行实时监测与评估。与传统的故障诊断相比，电子设备的视情维修更加强调模型的预测性，即在未来的时刻焊点处于何种状态($1, 2, \cdots, N$)，以便为电路板的视情维修提供相关信息支持。根据焊点多状态模型，该问题可以描述为：截至

$t_p (t_p < t)$ 时刻，焊点没有失效，此时所监测的参数数列为 $O_1, O_2, \cdots, O_p$，确定焊点在未来时刻 t 处于状态 i 的概率即 $P(Z_t = i | O_1, O_2, \cdots, O_p)$。利用 Bayes 统计方法，该条件概率 $P(Z_t = i | O_1, O_2, \cdots, O_p)$ 可以很方便地计算出来。

令 $P(O_1, O_2, \cdots, O_p | Z_t = i)$ 表示监测到参数数列 $O_1, O_2, \cdots, O_p$ 且在第 p 监测点时焊点处于状态 i 的联合概率。焊点从状态 i 转移至状态 j 的先验分布可以通过多状态退化模型求出，表示为 $\pi(Z)$，则通过式(12.11)计算焊点的后验概率以对焊点的未来时刻所处的状态进行预测。

$$P(Z_t = i | O_1, O_2, \cdots, O_p) = \frac{\pi(Z) \cdot P(O_1, O_2, \cdots, O_p | Z_t = i)}{P(O_1, O_2, \cdots, O_p)} \qquad (12.11)$$

$$P(O_1, O_2, \cdots, O_p) = \int \pi(Z) \cdot P(O_1, O_2, \cdots, O_p | Z_t = i) \mathrm{d}Z \qquad (12.12)$$

式中，$P(O_1, O_2, \cdots, O_p | Z_t = i)$ 是基于 BP 神经网络与 GA 全局寻优的结果。显然，这是一个动态更新的预测模型，实时监测数据可以用来对先验分布进行连续校验。如果能获得在线监测数据，即可对焊点在下一时刻处于何种状态进行预测，根据不同的损伤等级制订不同的维修决策。由于该模型可以实时预测，在试验中数据采集频率又比较高，因此计算量会比较大。而在实际应用中，综合考虑电子设备性能、故障率等因素，采样频率不可能像实验室内所做试验中这么快，所以实际计算量会小很多。

为验证该模型的准确性，在实验室模拟该 BGA 封装芯片的实际应用环境，设置监测参数的采样频率为 1/60，即每隔 1 min 采样一次，试验环境仍为随机振动与温度循环耦合，其中振动量级设为 $10g^2/\mathrm{Hz}$，温度循环范围设为 $-40 \sim 125$℃。将实时采样数据作为模型的输入，试验进行 4 小时后，模型的预测输出结果如表 12.1 所示。

经过对试验样件的进一步金相分析，在样件 1、5、6 中 BGA 焊点出现了微小裂纹，属于轻微损伤；而在样件 3 中 BGA 焊点的裂纹较长，即裂纹发生了扩展与延伸，属于中度损伤状态；在样件 2、4 中没有发现裂纹等缺陷。这与模型的输出结果是相吻合的，决策者可根据焊点当前状态及发展趋势，标定不同的危害等级，并采取对应的维护措施，避免焊点发生完全断裂失效带来的严重后果。

值得说明的是，表 12.1 中的维修措施仅是以设备安全性为原则进行的初步预防维护策略。在实际应用中，则需要综合考虑系统运行风险、投资回报率(Return on Investment, ROI)等诸多因素制订维护策略。这部分内容虽然也是电子设备视情维修领域的一个重要方面，但不是本书的重点，因此不在此处展开。

表 12.1　BGA 焊点多状态退化模型输出结果

样件序号	监测参数值/Ω	当前状态	下一状态	危害等级	维修措施
1	3.2	轻微损伤	轻微损伤	中	替换
2	0.5	健康	健康	极低	—
3	6.7	中度损伤	中度损伤	高	替换
4	1.8	健康	轻微损伤	低	—
5	8.4	轻微损伤	失效	极高	替换
6	4.9	轻微损伤	中度损伤	高	替换

附录　电路板级焊点力、热耦合试验主要参考标准

序号	标准号	标准名称
1	IEC60050(1191)	International electrotechnical vocabulary，chapter 191：dependability and quality of service
2	MIL‑STD‑810G	Environmental engineering considerations and laboratory tests
3	MIL‑STD‑883H	Test method standard microcircuits
4	IPC‑SM‑785	Guidelines for accelerated reliability testing of surface mount solder attachments
5	IPC‑9701A	Performance test methods and qualification requirements for surface mount solder attachments
6	JESD22‑B103B	Vibration，variable frequency
7	JESD22‑B113A	Board level cyclic bend test method for interconnect reliability characterization of components for handheld electronic products
8	JESD22‑A104E	Temperature cycling
9	GB‑T2423.22	电工电子产品环境试验　第2部分：试验方法　试验N：温度变化
10	GB/T 2423.56	电工电子产品环境试验　第2部分：试验方法　试验Fh：宽带随机振动（数字控制）和导则
11	GJB150.1A	军用装备实验室环境试验方法　通用要求
12	GJB150.16A	军用装备实验室环境试验方法　第16部分：振动试验
13	GJB150.5A	军用装备实验室环境试验方法　温度冲击试验

参 考 文 献

[1] Shnawah D A, Sabri M F M, Badruddin I A. A review on thermal cycling and drop impact reliability of SAC solder joint in portable electronic products [J]. Microelectronics Reliability, 2012, 52(1): 90 - 99.

[2] Tang W, Jing B, Huang Y F, et al. Feature extraction for latent fault detection and failure modes classification of board-level package under vibration loadings[J]. Science China Technological Sciences, 2015, 58(11): 1905 - 1914.

[3] 景博, 胡家兴, 黄以锋, 等. 电子设备无铅焊点的热疲劳评估进展与展望[J]. 空军工程大学学报: 自然科学版, 2016, 17(5): 7 - 12.

[4] Kim C U, Bang W H, Xu H, et al. Characterization of solder joint reliability using cyclic mechanical fatigue testing[J]. Journal of Metals, 2013, 65(10): 1362 - 1373.

[5] Che F X, Pang J H L. Study on board-level drop impact reliability of Sn-Ag-Cu solder joint by considering strain rate dependent properties of solder[J]. IEEE Transactions on Device and Materials Reliability, 2015, 15(2): 181 - 190.

[6] Zhang L, Han J, He C, et al. Reliability behavior of lead-free solder joints in electronic components[J]. Journal of Materials Science: Materials in Electronics, 2013, 24(1): 172 - 190.

[7] Guo Q, Zhao M, Wang H F. SMT solder joint's semi-experimental fatigue model [J]. Mechanics Research Communications, 2005, 32(3): 351 - 358.

[8] Mirman B. Tools for stress analysis of microelectronic structures[J]. Journal of Electronic Packaging, 2000, 122(3): 280 - 282.

[9] Lee C H, Wu K C, Chiang K N. A novel acceleration-factor equation for packaging-solder joint reliability assessment at different thermal cyclic loading rates[J]. Journal of Mechanics, 2016: 1 - 6.

[10] Elger G, Kandaswamy S V, Liu E, et al. Analysis of solder joint reliability of high power LEDs by transient thermal testing and transient finite element simulations [J]. Microelectronics Journal, 2015, 46(12): 1230 - 1238.

[11] Liu F, Meng G. Random vibration reliability of BGA lead-free solder joint[J]. Microelectronics Reliability, 2014, 54(1): 226 - 232.

[12] Fan X, Ranouta A S, Dhiman H S. Effects of package level structure and material properties on solder joint reliability under impact loading[J]. IEEE Transactions on Components, Packaging and Manufacturing Technology, 2013, 3(1): 52 - 60.

[13] Meola C. Pb-free Electronics research Manhattan project: technical overview[R]. ACI Technology Inc, 2009.

［14］ Clayton R D. Lead-free electronics Manhattan project phase 2 report［R］. ACI Technology Inc，2011.

［15］ 田文超. 电子封装、微机电与微系统［M］. 西安：西安电子科技大学出版社，2012.

［16］ Dally J W，Lall P，Suhling J C. Mechanical design of electronic systems［M］. College House Enterprises，2008.

［17］ Ardebili H，Pecht. 电子封装技术与可靠性［M］. 北京：化学工业出版社，2012.

［18］ X. P. Li. Solder volume effects on the microstructure evolution and shear fracture behavior of BGA structure Sn-3. 0Ag-0. 5Cu solder interconnects［J］. Journal of Electronic Materials，2011，40(12)：2425 – 2435.

［19］ 汤巍，景博，黄以锋，等. 温度与振动耦合条件下的电路板级焊点失效模式与疲劳寿命分析［J］. 电子学报，2017，45(07)：1613 – 1619.

［20］ 周敏波，马晓，张新平. BGA 结构 Sn-3.0Ag-0.5Cu/Cu 焊点低温回流时界面反应和 IMC 生长行为［J］. 金属学报，2013，49(3)：341－350.

［21］ Ma D，Wu P. Effects of coupled stressing and solid-state aging on the mechanical properties of grapheme nanosheets reinforced Sn-58Bi-0. 7 Zn solder joint［J］. Materials Science and Engineering：A，2016，651(1)：499 – 506.

［22］ Li H，An R，Wang C，et al. Suppression of void nucleation in Sn-3. 0Ag-0. 5Cu/CU solder joint by rapid thermal processing［J］. Materials Letters，2015，158(11)：252 – 254.

［23］ 宋凯，钱涛，陈涛，等. 一种基于平均应力强度因子的焊点疲劳寿命预测方法［J］. 机械工程学报，2015，51(16)：113 – 119.

［24］ Abtew M.，Selvaduray G. Lead-free solders in microelectronics［R］. Materials Science and Engineering-Report，2000，27(5)：95 – 141.

［25］ Pecht M，Fukuda Y，Rajagopal S. The impact of lead-free legislation exemptions on the electronics industry［J］. IEEE Transactions on Electronics Packaging Manufacturing，2004，27(4)：221 – 232.

［26］ Jaradat Y，Qasaimeh A，Obaidat M，et al. Assessment of Solder Joint Fatigue Life Under Realistic Service Conditions［J］. Journal of Electronic Materials，2014，43(12)：4472 – 4484.

［27］ Borgesen P，Hamasha S，Obaidat M，et al. Solder joint reliability under realistic service conditions［J］. Microelectronics Reliability，2013，53(9)：1587 – 1591.

［28］ Lee J H，Huh S H，Jung G H，et al. Effects of the Electroless Ni-P Thickness and Assembly Process on Solder Ball Joint Reliability［J］. Journal of Welding and Joining，2014，32(3)：60 – 67.

［29］ Myung W R，Kim Y，Kim K Y，et al. Drop Reliability of Epoxy-contained Sn-58 wt. ％ Bi Solder Joint with ENIG and ENEPIG Surface Finish Under Temperature and Humidity Test［J］. Journal of Electronic Materials，2016：1 – 8.

［30］ Ma H，Lee T K. Effects of board design variations on the reliability of lead-free solder joints［J］. IEEE Transactions on Components，Packaging and Manufacturing Technology，2013，3(1)：71 – 78.

[31] Tao Y, Ding D, Li T, et al. Influence of protective atmosphere on the solderability and reliability of OSP-based solder joints [J]. Journal of Materials Science: Materials in Electronics, 2016, 27(5): 4898 – 4907.

[32] Yang Y, Balaraju J N, Huang Y, et al. Interface reaction between an electroless Ni-Co-metallization and Sn-3.5 Ag lead-free solder with improved joint reliability [J]. Acta Materialia, 2014, 71: 69 – 79.

[33] Qi H, Vichare N M, Azarian M H, et al. Analysis of solder joint failure criteria and measurement techniques in the qualification of electronic products[J]. IEEE Transactions on Components and Packaging Technologies, 2008, 31(2): 469 – 477.

[34] IPC-SM-785, Guidelines for accelerated reliability testing of surface mount solder attachments[S]. Northbrook, Illinois: IPC, 1992.

[35] JESD22-B103B, Vibration, variable frequency [S]. USA: JEDEC Solid State Technology Association, 2010.

[36] Hokka J, Mattila T T, Xu H, et al. Thermal cycling reliability of Sn-Ag-Cu solder interconnections. part 1: effects of test parameters [J]. Journal of Electronic Materials, 2013, 42(6): 1171 – 1183.

[37] Wu K C, Lin S Y, Hung T Y, et al. Reliability assessment of packaging solder joints under different thermal cycle loading rates[J]. IEEE Transactions on Device and Materials Reliability, 2015, 15(3): 437 – 442.

[38] Han C, Han B. Board level reliability analysis of chip resistor assemblies under thermal cycling: A comparison study between SnPb and SnAgCu[J]. Journal of Mechanical Science and Technology, 2014, 28(3): 879 – 886.

[39] 周斌, 李勋平, 恩云飞, 等. 高温时效下 Sn/SnPb 混装焊点的微观组织研究[J]. 华南理工大学学报: 自然科学版, 2016 (5): 8 – 14.

[40] 王超, 李晓延, 朱永鑫. 驻留时间和加载速率对无铅焊点低周疲劳行为的影响[J]. 焊接学报, 2015 (3): 71 – 75.

[41] Lai Y S, Wong E H, Rajoo R, et al. A Study of component-level measure of board-level drop impact reliability by ball impact test [C]. The thirdly International Microsystems, Packaging, Assembly & Circuits Technology Conference, Taipei, Taiwan, Oct 2008, 57 – 62.

[42] Yeh C L, Lai Y S. Effects of solder alloy constitutive relationships on impact force responses of package-level solder joints under ball impact test [J]. Journal of Electronic Materials, 2006, 35(10): 1892 – 1901.

[43] Che F X, Pang J H L. Study on reliability of PQFP assembly with lead free solder joints under random vibration test[J]. Microelectronics Reliability, 2015, 55(12): 2769 – 2776.

[44] 胡家兴, 景博, 汤巍, 等. 无铅微焊点的热效应仿真及可靠性分析[J]. 电子元件与材料, 2016, 35(3): 81 – 84.

[45] 尤明懿, 孟光. 基于无铅焊点 BGA 封装随机振动试验的多类维护策略比较研究[J]. 机械工程学报, 2014, 50(4): 203 – 211.

［46］ Ekpu M，Bhatti R，Okereke M I，et al. Fatigue life of lead-free solder thermal interface materials at varying bond line thickness in microelectronics［J］. Microelectronics Reliability，2014，54(1)：239－244.

［47］ Amalu E H，Ekere N N. Damage of lead-free solder joints in flip chip assemblies subjected to high-temperature thermal cycling［J］. Computational Materials Science，2012，65：470－484.

［48］ Chen J，Yin Y，Ye J，et al. Investigation on fatigue behavior of single SnAgCu/SnPb solder joint by rapid thermal cycling［J］. Soldering & Surface Mount Technology，2015，27(2)：76－83.

［49］ 田野，任宁. 热冲击条件下倒装组装微焊点的可靠性—寿命预测［J］. 焊接学报，2016，37(2)：51－54.

［50］ Cinar Y，Jang G. Fatigue life estimation of FBGA memory device under vibration［J］. Journal of Mechanical Science and Technology，2014，28(1)：107－114.

［51］ Liu F，Lu Y，Wang Z，et al. Numerical simulation and fatigue life estimation of BGA packages under random vibration loading［J］. Microelectronics Reliability，2015，55(12)：2777－2785.

［52］ 景博，汤巍，黄以锋，等. 故障预测与健康管理系统相关标准综述［J］. 电子测量与仪器学报，2014，28(12)：1301－1307.

［53］ 杨雪霞，肖革胜，树学峰. 板级跌落冲击载荷下无铅焊点形状对 BGA 封装可靠性的影响［J］. 振动与冲击，2013，32(1)：104－107.

［54］ Upadhyayula K，Dasgupta A. An incremental damage superposition approach for reliability of electronic interconnects under combined accelerated stresses［C］. ASME International Mechanical Engineering Congress & Exposition，Dallas，Texas. 1997.

［55］ Qi H，Osterman M，Pecht M. A rapid life-prediction approach for PBGA solder joints under combined thermal cycling and vibration loading conditions［J］. IEEE Transactions on Components and Packaging Technologies，2009，32(2)：283－292.

［56］ Zhang H W，Liu Y，Wang J，et al. Effect of elevated temperature on PCB responses and solder interconnect reliability under vibration loading［J］. Microelectronics Reliability，2015，55(11)：2391－2395.

［57］ Kim Y K，Hwang D S. PBGA packaging reliability assessments under random vibrations for space applications［J］. Microelectronics Reliability，2015，55(1)：172－179.

［58］ Ding Y，Tian R，Wang X，et al. Coupling effects of mechanical vibrations and thermal cycling on reliability of CCGA solder joints［J］. Microelectronics Reliability，2015，55(11)：2396－2402.

［59］ Bo Z，Han D，Xin J S. Reliability study of board-level lead-free interconnection under sequential thermal cycling and drop test［J］. Microelectronics Reliability，2009，49(5)：530－536.

[60] 王欢，杨平，谢方伟，等. 复合加载下焊点寿命的数值模拟[J]. 焊接学报，2012，32(12)：65-68.

[61] Lee W, Nguyen L et al. Solder joint fatigue models: review and applicability to chip scale packages[J]. Microelectronics Reliability, 2000, 40(2): 231-244.

[62] Darveaux R. Effect of simulation methodology on solder joint crack growth correlation and fatigue life prediction[J]. Journal of Electronic Packaging, 2002, 124(3): 147-154.

[63] Wentlent L, Borgesen P. Statistical variations of solder joint fatigue life under realistic service conditions[J]. IEEE Transactions on Components, Packaging and Manufacturing Technology, 2015, 5(9): 1284-1291.

[64] Wu K C, Lin S Y, Hung T Y, et al. Reliability assessment of packaging solder joints under different thermal cycle loading rates[J]. IEEE Transactions on Device and Materials Reliability, 2015, 15(3): 437-442.

[65] Qasaimeh A, Jaradat Y, Borgesen P. Correlation between solder joint fatigue life and accumulated work in isothermal cycling [J]. IEEE Transactions on Components, Packaging and Manufacturing Technology, 2015, 5(9): 1292-1299.

[66] Kwon D, Azarian M H, Pecht M. Remaining life prediction of solder joints using RF impedance analysis and gaussian process regression[J]. IEEE Transactions on Components, Packaging and Manufacturing Technology, 2015, 5(11): 1602-1609.

[67] Rajaguru P, Lu H, Bailey C. A time dependent damage indicator model for Sn3.5Ag solder layer in power electronic module[J]. Microelectronics Reliability, 2015, 55(11): 2371-2381.

[68] JESD22-B113A, Board level cyclic bend test method for interconnect reliability characterization of components for handheld electronic products[S]. USA: JEDEC Solid State Technology Association 2012.

[69] Wong E H, Seah S K W, Selvanayagam C S, et al. High-speed cyclic bend tests and board-level drop tests for evaluating the robustness of solder joints in printed circuit board assemblies[J]. Journal of Electronic Materials, 2009, 38(6): 884-895.

[70] 汤巍，景博，黄以锋，等. 振动载荷下面向电子设备 PHM 的板级封装潜在故障分析方法[J]. 电子学报，2016，44(4)：944-951.

[71] Tang W, Jing B, Huang Y F, et al. Defect detection for solder joints with spectrum kurtosis and empirical mode decomposition [C]. IEEE Proceedings of 2015 Prognostics and System Health Management Conference, Beijing: 2015. RP0086.

[72] GJB150.16A, 军用装备实验室环境试验方法 第 16 部分：振动试验[S]. 北京：中国标准出版社，2009.

[73] Pecht M. G. Prognostics and health management of electronics[M]. New Jersey: Wiley, 2008

[74] Pecht M G. A prognostics and health management roadmap for information and electronics-rich system[J]. Microelectronics Reliability, 2010, 50(3): 317-323.

[75] Zhang S N, Kang R, He X F. China's efforts in prognostics and health management[J]. IEEE Transaction on Component and Packaging Technologies, 2008, 31(2): 509-517.

[76] Peng Y, Dong M, Zuo M J. Current status of machine prognostics in condition-based maintenance: a review [J]. The International Journal of Advanced Manufacturing Technology, 2010, 50(1): 297-313.

[77] 田民波. 电子封装工程[M]. 北京: 清华大学出版社, 2003.

[78] 尹立孟, Michael Pecht, 位松, 等. 焊点高度对微尺度焊点力学行为的影响[J]. 焊接学报, 2013, 8(3): 27-30.

[79] Lee Tae-Kyu, Xie Weidong, Zhou Bite, et al. Impact of isothermal aging on long-term reliability of fine-pitch ball grid array packages with Sn-Ag-Cu solder interconnects: Die size effects[J]. Journal of Electronic Materials, 2011, 40(9): 1967-1976.

[80] 董佳岩, 景博, 黄以锋, 等. 振动载荷下电路板级焊点失效信号表征及分析[J]. 半导体技术, 2017, 42(04): 315-320.

[81] Sang-Su Ha, Seung-Boo Jung. Thermal and Mechanical Properties of Flip Chip Package with Au Stud Bump[J]. Materials Transactions, 2013, 54(6): 905-910.

[82] Pang J. H. L, Chong D. Y. R., Low T. H. Thermal cycling analysis of flip-chip solders joint reliability, IEEE Transactions on Components and Packaging Technologies[J], 2011, 24(4): 705.

[83] 林健, 雷永平, 赵海燕, 等. 板级封装焊点中热疲劳裂纹的萌生及扩展过程[J]. 稀有金属材料与工程, 2010, 39(6): 15-18.

[84] 魏鹤琳, 王奎升. 焊点热疲劳多模式失效寿命分析[J]. 机械工程学报, 2011, 47(5): 70-74.

[85] 田野, 吴懿平, 安兵, 等. 热时效过程中微米级SnAgCu焊点的界面金属间化合物形成及演变[J]. 焊接学报, 2013, 34(11): 101-104.

[86] F Liu, G Meng, M Zhao, J F Zhao. Experimental and numerical analysis of BGA lead-free solder joint reliability under board-level drop impact [J]. Microelectronics Reliability, 2009, 49: 79-85.

[87] Bo Zhang, Han Ding, Xinjun Sheng, Reliability Study of Board-level Lead-free Interconnection under Sequential Thermal Cycling and Drop Test [J]. Microelectronics Reliability, 2009, 49(5): 530-536.

[88] 顾江海, 刘勇, 梁利华. 封装集成工艺中带状功率器件的翘曲研究[J]. 浙江工业大学学报, 2012, 50(5): 578-582.

[89] Amalu E H, Ekere N N. High temperature reliability of lead-free solder joints in a flip chip assembly[J]. Journal of Materials Processing Technology, 2012, 212(2): 471-483.

[90] Huang N E, Shen Z, Long S R, et al. The empirical mode decomposition and the Hilbert spectrum for nonlinear and non-stationary time series analysis [C]. Proceedings of the Royal Society A: Mathematical, Physical & Engineering Sciences. London, England: The Society, 1998, 454: 903-995.

[91] Lei Y, Lin J, He Z, et al. A review on empirical mode decomposition in fault diagnosis of rotating machinery[J]. Mechanical Systems and Signal Processing, 2013, 35(1): 108 – 126.

[92] Eftekharnejad B, Carrasco M R, Charnley B, et al. The application of spectral kurtosis on acoustic emission and vibrations from a defective bearing [J]. Mechanical Systems and Signal Processing, 2011, 25(1): 266 – 284.

[93] 汤巍, 景博, 盛增津, 等. 多场耦合下基于传递熵的电路板级焊点疲劳寿命模型[J]. 中国科学: 技术科学, 2017, 47(05): 484 – 494.

[94] Antoni J. The spectral kurtosis: a useful tool for characterizing non-stationary signals[J]. Mechanical Systems and Signal Processing, 2006, 20(2): 282 – 307.

[95] 何少华, 文竹青, 娄涛. 试验设计与数据处理[M]. 长沙: 国防科技大学出版社, 2002.

[96] 黄春跃, 周德俭, 吴兆华. 基于正交试验设计的塑封球栅阵列器件焊点工艺参数与可靠性关系研究[J]. 电子学报, 2005, 33(5): 788 – 792.

[97] Sona M, Prabhu K N. Review on Microstructure Evolution in Sn-Ag-Cu Solders and Its Effect on Mechanical Integrity of Solder Joints[J]. Journal of Materials Science: Materials in Electronics, 2013, 24(9): 3149 – 3169.

[98] 牛晓燕, 李娜, 树学峰. 温度和应变率对低银无铅焊料力学行为的影响[J]. 稀有金属材料与工程, 2014, 9: 024.

[99] Johansson J, Belov I, Johnson E, et al. A computational method for evaluating the damage in a solder joint of an electronic package subjected to thermal loads[J]. Engineering Computations, 2014, 31(3): 467 – 489.

[100] Qi Y, Lam R, Ghorbani H R, et al. Temperature profile effects in accelerated thermal cycling of SnPb and Pb-free solder joints[J]. Microelectronics Reliability, 2006, 46(2): 574 – 588.

[101] Benabou L, Sun Z, Dahoo P R. A thermo-mechanical cohesive zone model for solder joint lifetime prediction[J]. International Journal of Fatigue, 2013, 49(4): 18 – 30.

[102] Yao Y, Keer L M. Cohesive fracture mechanics based numerical analysis to BGA packaging and lead free solders under drop impact [J]. Microelectronics Reliability, 2013, 53(4): 629 – 637.

[103] 王小川, 史峰, 郁磊, 等. MATLAB 神经网络 43 个案例分析[M]. 北京: 北京航空航天大学出版社, 2013.

[104] Nichols J M, Seaver M, Trickey S T. A method for detecting damage-induced nonlinearities in structures using information theory[J]. Journal of Sound and Vibration, 2006, 297(1): 1 – 16.

[105] Shang F, Jiao L C, Shi J, et al. Fast affinity propagation clustering: A multilevel approach[J]. Pattern Recognition, 2012, 45(1): 474 – 486.

[106] Zhang X, Furtlehner C, Germain-Renaud C, et al. Data stream clustering with affinity propagation[J]. IEEE Transactions on Knowledge and Data Engineering, 2014, 26(7): 1644 – 1656.

[107] Rebentrost P, Mohseni M, Lloyd S. Quantum support vector machine for big data classification[J]. Physical Review Letters, 2014, 113(13): 130503.

[108] Loussifi H, Nouri K, Braiek N B. A new efficient hybrid intelligent method for nonlinear dynamical systems identification: the Wavelet Kernel Fuzzy Neural Network[J]. Communications in Nonlinear Science and Numerical Simulation, 2016, 32(3): 10 - 30.

[109] Israel A B, Iyigun C. Probabilistic D-clustering[J]. Journal of Classification, 2008, 25(1): 5 - 26.

[110] 高隽. 人工神经网络原理及仿真实例[M]. 北京: 机械工业出版社, 2003.

[111] Kavousi - Fard A, Samet H, Marzbani F. A new hybrid modified firefly algorithm and support vector regression model for accurate short term load forecasting[J]. Expert Systems with Applications, 2014, 41(13): 6047 - 6056.

[112] Guresen E, Kayakutlu G, Daim T U. Using artificial neural network models in stock market index prediction[J]. Expert Systems with Applications, 2011, 38 (8): 10389 - 10397.

[113] Votsi I, Limnios N. Estimation of the intensity of the hitting time for semi-Markov chains and hidden Markov renewal chains[J]. Journal of Nonparametric Statistics, 2015, 27(2): 149 - 166.

[114] Peng Y, Dong M. A prognosis method using age-dependent hidden semi-Markov model for equipment health prediction [J]. Mechanical Systems and Signal Processing, 2011, 25(1): 237 - 252.

[115] Tang W, Jing B, Huang Y, et al. Multistate degradation model for prognostics of solder joints under vibration conditions[J]. Chinese Journal of Electronics, 2016, 25(4): 779 - 785.

[116] Moghaddass R, Zuo M J. An integrated framework for online diagnostic and prognostic health monitoring using a multistate deterioration process [J]. Reliability Engineering & System Safety, 2014, 124: 92 - 104.

[117] Wang L, Zeng Y, Chen T. Back propagation neural network with adaptive differential evolution algorithm for time series forecasting[J]. Expert Systems with Applications, 2015, 42(2): 855 - 863.